SİNAN CANAN

İFA

İNSANIN FABRİKA AYARLARI

İLİŞKİLER ve STRES

tutikitap

İNSANIN FABRİKA AYARLARI - II
İlişkiler ve Stres

SİNAN CANAN

ISBN: 978-605-9218-62-7
1. Baskı: Şubat 2020
15. Baskı: Haziran 2022

KREATİF EDİTÖR: Elif Hilâl Doğan
KAPAK TASARIM: Özle Çetinkaya
SAYFA DÜZENİ: Melik Uyar

İÇ BASKI/CİLT: BPC Matbaacılık Sanayi ve Ticaret A.Ş.
Osmangazi Mah. Mehmet Deniz Kopuz Cad. No:17/1 Esenyurt/İstanbul
Sertifika No: 48745

TUTİ KİTAP
Bağdat Cad. No:167/2 Çatırlı Apt. B Blok D:4
Göztepe / Kadıköy / İstanbul
Tel: (216) 359 10 20 Faks: (216) 359 40 92
www.tuti.com.tr
tutikitap@tuti.com.tr
/tutikitap
/tutikitap
/tutikitap

SİNAN CANAN

İFA

İNSANIN FABRİKA AYARLARI

İLİŞKİLER ve STRES

tutikitap

SİNAN CANAN

Üç çocuk babası; biyoloji mezunu; fizyoloji doktoru; sinirbilim sevdalısı; "kaotik ve fraktal" olan her şeye tutkun; bilgiye ve hikmete dair her öğrendiğini herkese anlatma takıntısından muztarip; hayatın tek bir işle uğraşmak için fazla uzun, insanın ise tek bir işle ömrünü tüketmek için fazla karmaşık olduğuna ikna olmuş; hikmet ve şahitlik peşinde, nefes alan, yemeyi-içmeyi seven; zanları, hataları ve kusurları ile insanlardan bir insan...

İletişim Bilgileri:

www.sinancanan.net

www.acikbeyin.com.tr

sinancanan@acikbeyin.com

sinan.canan@uskudar.edu.tr

/drsinancanan

/sinancanan

/sinancanan

İÇİNDEKİLER

Aybike, Metehan ve Melike'ye...

Bir bakışta İFA, "İnsanın Fabrika Ayarları"

İFA-1: BEDEN

Hareket

İnsan bedeni oturmak ve hareketsiz kalmak için tasarlanmamıştır. Hareketsizlik bizi hasta eder.

Az, Çeşitli ve Aralıklı Yemek

Doğada hayatta kalmak için uyumlanmış beslenme sistemimiz, modern dünyada aşırı beslenme sorunlarından dolayı başımıza büyük dert oluyor.

İFA-2: İLİŞKİLER VE STRES

Olumlu ve Zengin Sosyal İlişkiler

Diğer insanlar olmadan, sevmeden ve sevilmeden, güvenebileceğimiz az sayıda insanla beraber olamadan yaşayamıyoruz; ömrümüz kısalıyor ve erkenden ölüyoruz.

Düşük Stresli Bir Yaşam

Doğal ortamımızdan kopup şehirlere yerleşmeye başladığımızdan beri en önemli sorunumuz, doğada işimize çok yarayan stres sisteminin her gün aktif olması. Stresi yönetmeyi öğrenmeliyiz.

İFA-3: SINIRLARI AŞMAK

Sınırları Aşmak

İnsan; içinde bulduğu biyolojik, sosyal, kültürel ve teknik sınırları aşmak gibi bir güdüyle dünyaya gelir. Bu güdüyü bir şekilde tatmin edemeyenler mutsuz yahut hasta olurlar. Biyolojik, kültürel, psikolojik ve teknik sınırları zorlama güdüsünün biyolojik temellerini anlamak, bu güdüyü ne yönde kullanmamız gerektiğini de büyük oranda aydınlatmaktadır.

İFA-3

OLUMLU ve ZENGİN SOSYAL İLİŞKİLER

NEDEN "YALNIZ" OLMUYOR?

"Her bebek sevilme ihtiyacı ile doğar
ve hiçbir yaşta bu ihtiyaç geçmez..."
Frank A. Clark

"Yalnızlık tek kelime, söylenişi ne kadar kolay.
Halbuki yaşanması o kadar zordur ki..."
Goethe

DİĞERLERİ

Buraya kadar sağlığımız için hareket etmeyi ve ölçülü yemeyi ele aldık. Günümüz insanı çoğu zaman "sağlıklı yaşam" denince tanısı konmuş bir hastalıktan muztarip olmamayı, dengeli beslenmeyi ve düzenli egzersiz alışkanlığı gibi davranışları anlama eğiliminde. Fakat bu "sağlıklı yaşam" denklemlerinde diğer insanlarla ilişkilerimiz meselesine yer vermek, aklımıza pek nâdiren gelir. Öyle ya, onlar "diğer" insanlardır. Sağlık ise bireysel olarak bedenimizle ilgili bir şeydir. Diğerleri, en azından sağlığımız söz konusu olduğunda (eğer doktor falan değillerse) hayatımızda sadece ikincil, üçüncül derecede rol oynayabilir. Belki severiz, belki seviliriz, küseriz, barışırız, bazılarına kızar hatta zaman zaman düşman bile olabiliriz. Bu karmaşık sosyal etkileşim kalıplarının bizzat kendi sağlığımız üzerindeki doğrudan yahut dolaylı etkileri ise çoğu zaman aklımızın ucundan bile geçmez.

İşte bu bölümde, başka her şeyimiz "sağlıklı" olsa bile diğer insanlarla yaşadığımız kötü ilişkilerimizin bize neye mâl olduğuna bakacağız. Yakın çevremizde aile ferdimiz yahut can dostumuz olan kişileri bulamamamızın bizi nasıl hasta ettiğini görecek hatta bunun bizi erkenden öldürebileceğini bilimsel kanıtlarla ele alacağız. Umuyorum bu bölümü okuduktan sonra iyi bir yaşam için "diğerleri"ne neden ve ne kadar muhtaç olduğumuzu şimdiye kadar olduğundan çok daha farklı bir perspektiften değerlendirebilir hale geliriz.

Giriş bölümünde çırılçıplak ve pek zayıf bir canlı olarak insanoğlunun temel ikileminden bahsetmiştim: Zayıflığımıza rağmen dünyanın en baskın canlılarından birisi haline gelmemizin altında müthiş gelişmiş zihinsel yeteneklerimiz yatar. Fakat bu zihinsel yetenekler arasında genellikle gözden kaçırdığımız belki de en büyük pay; karmaşık sosyal ilişkiler, sosyal yapılanmalar ve iş birlikleri geliştirmemizi sağlayan "sosyal" yeteneklerimizdir. Gelişmişlik düzeyini az da olsa yeni yeni anlamaya başladığımız sosyal yönümüz, belki de biyolojik evrimimizi en belirgin biçimde şekillendiren ihtiyaçlarımızın ortak bir sonucu olarak karşımıza çıkar.

Tek başınıza, ıssız bir adada yahut ormanda yaşamak zorunda kaldığınızı düşünün. Bir şekilde yalnızlığa mecbur kaldınız ve hayatınızı sürdürmek zorundasınız. Diyelim ki bu tâlihsiz duruma düşmenizin öncesinde de tabiatta hayatta kalmanızı sağlayacak sayısız beceriyi öğrendiğiniz bir dizi eğitim aldınız ve gerçekten etrafınızda bilgilerinizi kullanarak sizi hayatta tutacak hatta oldukça konforlu yaşatacak kadar yeterli doğal malzemeler de var. Tüm temel ihtiyaçlarınızı karşılayabiliyorsunuz. Basit bir barınak inşâsından, çeşitli yiyecekler bulabilmeye kadarki işlerde de bir hayli mâhirsiniz. Nasıl bir hayatınız olurdu? Etrafınızda başka hiçbir insan yok ve olmayacak. Ömrünüzün sonuna kadar tek başınıza yaşayacaksınız. Yemek, su, barınak, belki tabii sınırlar içinde eğlence, bitkiler, hayvanlar, her şey var. Ama sizden başka tek bir insan yok. Hayatta kalabilir miydiniz?

Biraz üzerinde düşününce rahatsız edici sonuçlar hemen gözünüzde canlanmaya başlar. Will Smith'in başrolünü oynadığı 2007 yapımı *I am Legend* adlı filmde olduğu gibi muhtemelen kısa zamanda çıldırmanın eşiğine bile gelebilirdiniz. Besin almaya, barınaklara veya güvende olmaya nasıl ihtiyaç duyuyorsak diğer insanlarla ilişki kurmaya, onlarla duygularımızı ve yaşamımızı paylaşmaya da o kadar derin bir ihtiyaç duyarız. Sadece böyle nahoş bir deneyimi derinlemesine hayal etmek bile sosyal devrelerimizin bize nasıl bir çevre dayattığını anlamamız açısından oldukça ilham vericidir. Sosyal beyin devrelerimiz nedeniyle, diğer insanlar etrafta olmadığında hissedeceğimiz her türlü duygu; ağır, derin bir keder ve bunalım sarmalına dönüşme potansiyeli taşır. Zira tarihin hiçbir devrinde insan türü bireyleri tek başına hayatta kalma gibi bir deneyimi yaygın olarak yaşamamıştır. Seçilen tüm biyolojik özellikler ancak diğerleriyle birlikte olduğumuzda en uygun düzeyde çalışacak şekilde ayarlanmıştır. Bu nedenle bizler ileri düzeyde sosyal varlıklarız.

BİN BİR ENDİŞE İÇİNDE BİR CANLI

İnsan, tıbbî tabirle oldukça "anksiyetik" yani "endişe dolu" bir canlıdır. Bu dünyada var olduğu andan itibaren dünyayla olan bedensel uyumsuzluğu, gelişimini çok geç tamamlaması, zayıflığı, ölüm farkındalığına sahip olması gibi nedenlerden dolayı mütemadiyen gergin ve kaynağı çoğu zaman belirsiz bir endişe içindedir. Özellikle günümüzdeki aile ve toplum yapısının, iletişim imkânlarının, modern tıbbın yahut modern medeniyetin olmadığı zamanları şöyle bir düşünmeye gayret edersek insan olmanın çok yakın zamanlara kadar oldukça zor bir mesele olduğunu (tam olarak idrak etmemiz imkânsız olsa da) fark ederiz.

Sayısız farklı ve kaotik koşulda dünyaya gelen her bir insan bireyi, on binlerce yıldır ancak içinde bulunduğu koşullarla bir şekilde baş edebilirse ve o koşullara adapte olabilmenin bir yolunu bulabilirse hayatta kalabiliyordu. Sıkıntısı ve derdi bitmeyen insanoğlunun en büyük desteği her zaman kendisi gibi dertli, endişeli ve belki de kendisinden çok daha farklı deneyimlere sahip olmakla farklı olan diğer insanlardı. O nedenle insanlar olarak, diğer insanlarla sadece hayatta kalma ve teknoloji anlamında stratejik iş birlikleri geliştirmedik; aynı zamanda "halden anlayan, derde derman olabilecek, kendimizi güvende hissettirebilecek" insanlardan oluşan bir çevre ihtiyacıyla bugünlere geldik.

Moraliniz bozuk olduğunda dinlemeyi tercih ettiğiniz müzik türlerine bakın. İnsanlar genellikle "kafaları bozukken" neşeli ve oynak nağmelere katlanamazlar. Zihinsel ve duygusal durumlarına uygun, hüzünlü ve kederli müzikler onları daha fazla çeker. Halbuki müziğin duygu durumumuz üzerinde yaptığı etkiler gayet aşikarken, üzgün olduğumuz zamanlarda neşeli bir şeyler dinleyerek rahatlayamaz mıydık?

Elbette bazen "kaçış" amaçlı böyle "efkâr dağıtma" seansları tercih edilse de genellikle dinlemeyi seçtiğimiz müzikler, hissettiğimiz ruh haliyle uyumlu olmalıdır. Temelde mantıksız görünen bu tercihin, insanın sosyal ve duygusal yönünü ele aldığınızda çok mâkul bir nedeni vardır: Kederli olduğunuzda, kederli nota dizilerini dinlerseniz, o besteyi yapan kişinin sizin durumunuzu anlayabilecek birisi olduğunu hisseder ve onunla bir şekilde "iletişim" kurarsınız. Buna ihtiyacımız vardır zira kederimizi en iyi azaltan şey, bir başkası ile duygudaşlık kurarak bu hisleri paylaşmak ve bulabilirsek sorunumuza birlikte bir çözüm bulmaktır. İşte müzik tercihlerimizi bile bu denli etkileyen güdülerimiz, sosyalliğe ayarlanmış beyin devrelerimizin günlük hayatta bize yaşattığı sayısız deneyimden sadece bir tanesidir.

İnsanoğlunun gerek tabiatta gerekse günümüzün modern dünyasında karşı karşıya kalması mukadder sorunların büyük bir çoğunluğu, bireylerin kendi başlarına baş edemeyeceği sorunlardır. Giyecek yapmaktan banka kredisi kullanmaya kadar hemen her ihtiyacımızda başka insanların katıldığı bir üretim ve hizmet sistemine ihtiyaç duyarız. Bu insanlar bazen bize yardımcı olan aile bireylerimiz bazen de hiç tanımadığımız, hayatlarını kazanmak amacıyla işimize yarayan çeşitli mal ve hizmetler üreten diğer kişilerdir. İster yakın akraba ister uzak kişiler olsun, diğer insanlarla bu tip bir karmaşık yardımlaşma ve hayatta kalma ilişkisine geçebilmenin ön şartı; davranışlarımızı yöneten devrelerin bu karmaşık sosyal ilişki kalıplarını başarıyla yürütebilecek ve sosyal dokuyu bozma riski taşıyan dürtüsel davranışlarını kontrol altında tutabilecek bir yetkinlik düzeyine sahip olmasıdır. İnsanı karmaşık bir sosyal canlı haline getiren evrimsel ve kültürel süreçler, işte böyle bariz bir seçilim baskısı altında şekillenmiş ve bugünlere gelmiştir.

SOSYAL BAĞLANMAYA AYARLI BİR CANLI

Yeni insanlarla tanıştırıldığınız bir toplantı olduğunu düşünün. Yahut yakın zamanlarda yaşadığınız böyle bir deneyimi gözünüzün önüne getirin. Yeni tanışan insanlar nasıl hareket kalıpları sergilerler? Birileri belki onları tanıştırır veya ortamın durumuna göre ya karşıdaki insanlar yahut biz harekete geçerek tanışma sürecini başlatırız. Genellikle el sıkışma gibi garip ritüeller hemen bilinçsizce devreye girer. Az sonra göreceğimiz gibi bu küçük ve önemsiz gözüken dokunuşlar, bedende birçok sinir ve hormon sinyallerini devreye sokar. Ardından adımız, unvanlarımız, mesleğimiz veya orada ne yaptığımız gibi "bilgi" detayları devreye girer. Çoğu zaman anlamı ve hedefi belli olmayan, temel amacı karşındakini değişik yönlerden hızla tanımak ve onun hakkında bilgi edinmek olan muhabbetler başlar.

Çoğu ergenin sinir olduğu ve pek anlam veremediği "*Nasılsınız? - İyiyiz çok şükür, sizler nasılsınız? - Sağ olun bizler de iyiyiz. - İşler ne âlemde? - Bugünümüze şükür... - Sizin işler nasıl gidiyor?*" gibi yuvarlanıp giden soru cevap fasılları, tanışma ve buluşmalarda sıklıkla devreye giren araçlardır. Kendilerini bu tip muhabbetlerin içinde ilk kez bulan birçok genç bu anlamsız gözüken soru cevap silsilesinden ne amaçlandığını anlayamadıklarından belki oldukça sıkılır. Ama zamanla onlar da "*Naaber - iyidir...*" soru cevap döngüleri sırasında insanların beden dilleri, ses tonları ve diğer bilinç dışı işaretleriyle verdikleri minik ama önemli sinyallerden faydalanmayı bilinçsiz olarak öğreneceklerdir. Bu basit giriş sohbetleri, aslında milyonlarca yıllık bir insanlaşma macerasının çeşitli merhalelerindeki başarılı stratejilerden miras kalan, günümüz koşullarına uyumlanmış davranış mekanizmalarıdır.

Şu anda okumakta olduğunuz satırları bir Kurban Bayramı'nın birinci günü, Ankara'da yazmaktayım. Normalde İstanbul'da yaşayan birisiyim ve "bayram" vesilesi ile yüzlerce kilometre yol kat ederek annemi, babamı, akrabalarımı görüp ziyaret etmek için buraya geldim. Halbuki cep telefonum var; görüntülü aramalar bile artık rahatlıkla yapılabiliyor. Peki bu kadar zahmete hâlâ neden katlanıyoruz? Bayramlar neden var? Neden böyle vesileleri özellikle değerlendirmek isteriz? Çünkü bayramlar bir araya gelmemizi, ortak yaşantımızı daha verimli hale getirmemizi kolaylaştıran vesilelerdir. Böyle vesileler aracılığıyla yaptığımız yüz yüze görüşmeler, görüşmeyi nicedir unuttuğumuz kişilerle "bayramlaşma" bahanesiyle kuracağımız bağlantılar, tanıdık ve kendimizi güvende hissettiğimiz insanlarla birlikte zaman geçirmek bize çok iyi gelir. Sadece zihinsel olarak değil, bedensel açıdan da bu buluşmaların çok olumlu etkilerini yaşarız. Zira bedenimiz bu tip birlik ve beraberlik vesilelerini "olumlu" olarak işaretleyip bize sayısız ödül sağlayacak birçok mekanizma ile donatılmıştır.

Son yıllarda sosyal bağlanma ve diğer insanlarla duygusal ilişkiler kurma konusunda, beynimizden salgılanan oksitosin hormonunun etkileri halk arasında meşhur olacak kadar bilinir hale geldi. Normalde süt salgılanması ve doğum gibi olaylarda "kasların istemsiz olarak kasılmasını" yöneten bir hormonun, aynı zamanda birbiri ile olumlu ilişkiler kuran, duygusal olarak yakınlaşan insanların beyninde de salgılanıyor olması, ilginç bir bağlantılar dizisini de işaret ediyor.

Bebek bakımı, insan türünün hayatta kalmasının ilk ve en önemli şartı. Başta oksitosin olmak üzere burada öncü görevi olan hormonlardan birçoğunun, sosyal ilişkilerin kurulmasına ve sürdürülmesine de yardımcı olması, her bir insan ferdinin diğerleri ile birlikte yaşamasını sağlamanın biyolojik olarak ne kadar önemli olduğunu gösteren ilginç bir göstergedir aslında. Bir başka insanla samimi sohbetler ettiğinizde, tokalaştığınızda, beraber bir şeyler başardığınızda, aynen doğum yahut orgazm anlarında olduğu gibi, beyindeki oksitosin salgısında önemli miktarda bir artış oluyor. Bu da "biyolojik olarak" bizi birbirimize bağlayan en önemli etkenlerden birisi haline geliyor. Böylece, birlikte uyum içinde yaşamamızı biyolojik düzlemde adeta garanti ediyor. Oksitosinin bu ilginç rolüne ve fizyolojisinin detaylarına ileride bir kez daha döneceğiz.

BİR TEBESSÜMÜN DEĞERİ

Hepimiz, tüm beyni olan canlılar gibi, işimize yarayan, hayatta kalmamıza ve üremememize destek verecek olayları zihnimizde işaretleyip o fırsatları daha çok kullanmamıza yardımcı olacak bir "ödül sistemi"ne sahibiz.[1] Temel olarak dopamin adlı bir kimyasal maddenin salgılanmasına dayanan bu sistem, zihinsel bir haz ve ödüllendirme etkisi oluşturur. Böylece dopamin salgılanmasına neden olan o davranışı tekrarlama olasılığımız artar. Yemek, üreme, konfor, güvenlik, ödüllü sürprizler gibi durumlar dopaminin fazlaca salgılandığı durumlardır. Bu nedenle bu tip deneyimleri zevkli ve keyifli olarak algılarız. Hatta bağımlılıklarımızın temelini de bu sistem oluşturur.

Beynimizdeki bu ödül sistemi mesela çikolata yerken (özellikle kadınlarda) veya sebepsiz yere elimize maddî imkân, mesela para geçtiğinde (daha ziyade erkeklerde) bol miktarda uyarılır. Dopamin salgılanmasını sağlayan bu tip uyarımlar hem o durumla ilgili hafızanın pekiştirilmesini, o sürecin hatırlanmasını kolaylaştırır hem de o davranışı bir daha yapma ihtimâlini artıran bir haz-doyum hissi verir. Fakat bu sistemi katbekat fazla uyaran özel bir uyaran daha vardır. Bazı iddialara göre her gün yaptığımız bu eylem, beynimizde 2000 parça çikolata yemek veya 25 bin dolar kazanmakla eş değer miktarda ödül uyarımını sağlayabiliyor. Ne mi? Nasıl mı? Çok da basit: Sadece bir gülümseme!

Acaba birinin bize gülümsemesi beynimizde neden bu kadar büyük bir ödül salgısını tetikler? Hayalen, yüz binlerce yıl önceye gidelim. Açık alanda tek başınıza yürüyen bir ata-insan olduğunuzu düşünün. Âniden karşınıza yabancı bir insan çıksın. Öylece duruyor ve size gülümsüyor olsun. Bu gülümsemenin anlamı nedir? Temelde üç anlamı hemen çıkartabilirsiniz:

1. *Benim keyfim yerinde, karnım tok, sıkıntım yok.* (O nedenle gülümsüyorum.)
2. *Tehlike altında değilim.* (Nasıl gülümsemeyeyim?)
3. *Seni tehdit olarak görmüyorum, benden de sana zarar gelmez!*

---

1 Beynimizdeki ödül sistemi ve bağımlılık konuları hakkında detaylı bilgi için: *Değişen Be(y)nim*, Sayfa: 163-178.

Tarih öncesi dönemlerde yaşayan çıplak, aciz ve zayıf bir *Homo sapiens* ferdinin böyle bir durumla pek nâdir karşılaşabileceğini fark edebilmek pek zor olmasa gerek. Her şeyin şüpheli ve düşman olduğu bir vasatta böyle bir karşılaşma, çok nâdir bir olasılık olmalı. Fakat eğer gerçekleşirse, yine o dönemlerde yaşayan bir insan için bunun ne büyük bir avantaj olduğunu düşünün. Kendisi gibi zeki, hayatta kalmayı başaracak kadar becerikli ve iş birliğine hazır bir başka insan! Tabiatta bundan daha iyi bir şeyle karşılaşmanızın mümkün olmadığını anlamak için filozof olmanıza gerek yok; beyninizdeki dopamin sistemi hemen bu nâdir karşılaşma için aşırı bir salgı yapıp sizi keyfe boğarak "işaret" koyacaktır. Zira biyolojimiz, milyonlarca yıl boyunca "prososyal"[2] dediğimiz davranışları, bu zayıf canlıyı hayata tutabilecek şekilde incelikle seçmiş ve sosyal birliğe uygun olmayan özellikleri de büyük oranda elemiştir.

Acaba biyolojimiz nasıl bu şekilde ayarlanmış olabilir? Evrimsel biyolojinin temel mantığını anladığımızda aslında bu sorunun yanıtı da kolayca netleşir. Biyolojik tüm sistemlerimizin kurulumu ve ince ayarlarının yapılması aslında yüz milyonlarca yıllık bir öyküdür ama gelin biz daha kavranabilir olması için zihnen mesela 300-400 bin sene önceye gidelim. İnsanoğlunun o zaman yaşayan bireyleri yani atalarımız arasında, diğer tüm canlılarda olduğu gibi sınırsız çeşitlilik mevcuttu. Her tipten, birbirinden çok farklı fiziksel ve hormonal özelliklere sahip bireyler adedince farklı çeşit olduğunu düşünebiliriz. Zira bu her zaman böyledir. Biyoloji her bir bireyde devamlı benzersizlik ve çeşitlilik üretir.

İnsanın atalarının da büyük olasılıkla değişik türevleri geldi ve geçti. Bunlar arasında biyolojik anlamda sıkı sosyal ilişkiler kurmaya ayarlanmış olanların yanı sıra; bu biyolojik donanımı iyi gelişmemiş olanlar, üçkağıtçı ve hilebaz tipler, sosyal zekâsı çok yüksek yahut çok düşük kişiler, oksitosin gibi hormonlarının miktarları veya hormon alıcılarının yoğunluğu açısından ileri düzeyde farklılık gösteren farklı farklı bireyler muhtemelen bir arada yaşıyorlardı. Aynen bugün olduğu gibi... Bu özelliklerin büyük

2 Sosyalleşmeyi destekleyen.

çoğunluğu bireylerde oldukça sade ve anlaşılır, mutasyonlar gibi süreçlerin sonucu olarak rastlantısal olarak ortaya çıkarken; bir kısmı ise daha atavî, ailevî veya topluluk gen havuzuna bağlı benzersiz kombinasyonlar olarak ortaya çıkıyordu.

Bugün de durumumuz tamamen aynıdır; hepimiz benzersiz ve yegâneyiz. Bir başka deyişle, gündelik davranışlar açısından aralarında ufak tefek veya çok büyük farklar olan birçok birey her zaman bir arada yaşadı. Bu durumda şu soruyu sormak mâkuldür: Bu türevlerin hangilerinin hayatta kalıp daha fazla üremesi, topluluğa kendi genetik özelliklerini aktarma şansını daha fazla yakalaması söz konusu olacaktır? Hangi özellik daha fazla çocuk yapma ve böylece topluluğun gelecek bireylerine yön verecek genetik havuzu daha fazla kendi genleri doğrultusunda etkileme şansı verecektir? Elbette o günlere geri dönüp neler olup bittiğini doğrudan gözlemlemek imkânsız. Ama günümüzde elimizde olan çeşitliliğe ve baskın unsurlara bakınca, neler olmuş olabileceğini oldukça mantıklı bir biçimde tahmin edebiliyoruz.

Bugün sadece insanda değil, sosyal yaşam süren birçok canlıda bu tip sosyal bağlanmayı daha kolay hale getiren, iş birliğini artıran, topluluğun bekâsını mümkün kılan davranış özelliklerinin çok baskın olduğunu fark ediyoruz. Bu bölümde anlatmaya çalışacağım tüm anekdotlar, aslında bu sonucun yansımalarıdır. Dolayısıyla zaman içerisinde ortaya çıkmış olabilecek sayısız çeşit ve varyasyon arasından en iyi sosyal ilişki kurabilenler, en iyi iş birliği yapabilenler, en iyi âidiyet duygusu geliştirebilenler seçilerek hayatta kalmış, üreme şanslarını artırmış ve onların çocukları bugünkü tüm insanlara bu özellikleri aktarabilen atalar olma şansını yakalamışlar gibi görünüyor.

Elbette aramızda hâlâ sosyopatlar, yabaniler, hilebaz ve düzenbazlar; kısacası sosyal yapımıza uyumlu olmayan nice varyasyonlar sıklıkla ortaya çıkar. Fakat dikkat edilirse, bu tip çeşitler genellikle "marjinal" ve az sayıdadır, toplumun çoğunluğunu oluşturmazlar. Zira milyonlarca yıllık seçilim mekanizmalarının şekillendirdiği sistem, sosyal organizmaların hayatta kalmasını bu tip "prososyal" özelliklere bağlamış görünmekte.

Bizim dışımızdaki tüm canlılarda biyolojik ve sosyal organizasyon anlamında gördüğümüz bu tip bir seçilim baskısına, insanda bir de "kültürel evrim"in geliştirdiği kurallar ve yaşam tarzları eklenmiş durumda. Hukuk sistemlerimiz, geleneklerimiz, inançlarımız ve toplumsal kabullerimiz; sosyal sistemimizin çökmemesi ve birlikte yaşamın devam etmesi için insanlar tarafından tecrübî olarak oluşturulmuş ve seçilmiş kültürel normların tümünü kapsar. Çeşitli kültürlerde belirgin farklılıklar görünmesine rağmen, birçok ortak ana temasıyla tüm bu bütünlük; yani biyolojik ve kültürel süreçlerin net etkisi, insanı sosyal olarak ileri derecede karmaşık ve çeşitli bir canlı haline getirmiş durumdadır. Bedensel zayıflığımıza rağmen dünyanın en etkili türlerinden birisi, belki de birincisi olmamızın ardında ise temelde bu gelişmiş sosyal davranış repertuarımız yatar.

Sosyal açıdan olumsuz davranışların düşük sıklıkta da olsa karşımıza çıkabilmesi gerçeği de elbette göz ardı edilemez. Ayrıca bu tip davranışlar sadece bir tek bireyden gelse bile bazen o derece yıkıcı olabilir ki toplumsal dokuyu temelden sarsma potansiyeli dahi taşıyabilir. Peki, neden biyolojik ve sosyal olarak bu denli dezavantajlı durumlar sistemden elenmiyor; neden tekrar tekrar ortaya çıkıyor?

Bu sorunun cevabını tartışmasız ve tek bir mekanizmayla verebilmek muhtemelen mümkün değil. Fakat biyolojinin geneline baktığımızda "çeşitlilik" mantığı bize ilginç bir hikâye sunuyor: Biyolojide yaşamın sürebilmesinin en büyük aracı, her nesilde ve her bireyde çeşitlilik üretebilmektir. Yaşam, ancak sınırsız çeşitlilik söz konusu olursa çevre şartlarındaki kestirilemeyen değişimlere uyum sağlayabilir. Bireylerin hepsi tek tip ve "mükemmel"[3]

3 Mükemmel kavramı günlük dilde kullandığımız ama anlamını çok düşünmediğimiz bir kavramdır. "Kemâl" kelimesinden gelen ve "gelişiminin son noktasına gelmiş, eksiksiz" anlamlarını taşıyan mükemmel sıfatı; tabiatta rastlayabileceğimiz bir özellik değildir. Etrafımıza bakınca tek görebileceğimiz, en iyi uyum sağlamış olanlardır ve hiçbir şey mükemmel değildir. Dahası, tabiat "tekâmül" yani gelişerek mükemmelleşme derdinde de değil gibi gözüküyor. Tabiatta sadece çevreyle en uygun uyum dengesini sağlamaya yönelik kompleks bir sistem çalışır. Tekâmül derdi bu anlamda sanırım sadece insana aittir ve çevremize de bu tip "insan merkezci" algımızı yansıtmadan duramıyoruz.

özelliklere sahip olsaydı o "mükemmel" özelliklerin dezavantaj oluşturabileceği herhangi bir çevre değişikliğinde, o canlının nesli tükenebilirdi. Farklı ve çizgi dışı çeşitler, her ne kadar kendileri ve diğer bireyler için risk barındırabilse de bazı koşullar altında avantaj sağlayabilirler. Bu farklılıklar, seri katillik yahut toplum düşmanlığı gibi radikal uçlarda ortaya çıkabileceği gibi yalnızlık isteği, melankoli yahut kendi görüşlerinde inatçılık gibi daha hafif versiyonlar şeklinde de ortaya çıkabilir. Bunlar da insan türünün bireysel çeşitliliğini garanti altına alarak farklı şartlara farklı özellikteki bireylerle uyum sağlayıp, gen devamlılığının sürmesini sağlar. Bu nedenle bu tip "çizgi dışı" çeşitlere ait olan gerek genetik gerekse kültürel kodlar sürekli yinelenir ve her nesilde değişik derecelerde, değişik şiddetlerde ortaya çıkar. Bu sayede türün çeşitliliği zenginleşir ve buna bağlı olarak hayatta kalma olasılığı bireysel olarak değilse bile türün tamamı için artar.

Çeşitliliğin, farklılıkların gereğine ve önemine dair çok radikal örneklere gerek yok; dünya tarihinde ve günümüzde "tuhaf ve yenilikçi" işlerin birçoğu münzevî, sosyal iletişim sorunları yaşayan, ailesinde veya çevresinde uyumsuz görünen insanların ürünüdür. Mesela elinizde tuttuğunuz kitap dahi, hayatında sıklıkla tek başına kalmayı seven ve çocukken hiçbir sokak oyununu öğrenmeye vakit bulamamış bir garip ademoğlunun aracılığıyla size ulaşmış bulunuyor.

Kısacası, farklılıklar olmasa sadece hayat sıkıcı olmazdı; hayat diye bir şey muhtemelen var olamazdı...

AHLÂKÎ VE SOSYAL KURALLARIN "MECBURÎ" BİYOLOJİK KÖKENLERİ

Ahlâkın kökeni, binlerce yıldır en ateşli tartışma konularının başında gelir. Özellikle inanç ve inançsızlık konuları masaya geldiğinde, en önemli gündem maddelerinden birisi ahlâk kurallarının ve ahlâkî normların kaynağı meselesidir. Bunu hâlâ bir türlü tam olarak çözemedik; çözemememiz de aslında son derece normal. Hafızası zayıf, yazılı kültürü çok yeni, tabiattan ayrı bir yaşam benimsemiş insanoğlunun gerçekleri anlaması belki de bin yıllar alacak.

Tanrı inancına dayanan düşünce biçimlerinin neredeyse tamamı, ahlâkî kuralların "dünya dışı" bir kaynaktan insana öğretildiği ve ahlâkî değerlerin tanrısal kökenli olduğu konusunda birleşirler. Tanrı tanımaz (ateist) yahut bilinmezci (agnostik) görüşler gibi akımlarda ise ahlâkın göreceliği, doğal kökenleri ve diğer canlılardaki ahlâkî davranış örnekleri sıklıkla masaya getirilir. Her zaman olduğu gibi kendi görüşünüzü yahut deneyiminizi bir görüşün, ideolojinin sınırları içinde formüle dökmeye başladığınızda mecburen ve kaçınılmaz olarak gerçeklikten bir kopuş ve önemli bir hata payı da birlikte ortaya çıkar. Artık gerçek dünyada neler olup bittiğine dair yeni şeyler öğrenmek yerine, eldeki veri birikimini bu "açıklama tercihi" yönünde değerlendirmekle meşgul olmaya başlarız. Hal böyle olunca da açıklamanın kökeni ve adı ne olursa olsun, insanların ürettikleri hiçbir fikir tam olarak kapsayıcı ve açıklayıcı kalamaz. Halbuki devamlı edindiğimiz bilgi ile kendimizi güncelleyebilsek, görüşümüze ve ideolojimize bağlı kalmak için harcadığımız enerjinin bir bölümünü tabiattan öğrendiklerimizle iyileştirme ve geliştirme yönünde harcasak, bu sorunları aşmamız da büyük oranda kolaylaşacaktır. Ama söylemesi kolay, yapması ise pek zor bir iştir bu.

Ahlâk ve ahlâkî davranışın kökenleri, özellikle bu ideolojik bakış zaviyesinden ileri düzeyde etkilenen konuların başında gelir. Halbuki geçtiğimiz 50 yılda, hayvanlar âleminde yapılan detaylı gözlemler, canlılar arasındaki akrabalık ilişkilerine dair anlayışımızdaki ilerlemeler, canlılar dünyasının gizemlerine dair elde ettiğimiz şaşırtıcı deneyimler, bize davranışlarımızın ve elbette ki ahlâkî yargılarımızın kökenlerine dair çok şey söyler.

Bu kitabın hacmi bu konuyu detaylı bir biçimde ele almak için elbette ki yeterli değil. Bu nedenle ahlâkî davranışların doğal ve evrimsel kökenleri üzerine sadece birkaç noktayı ele alıp, bu meselenin tafsilatını konuyla ilgili koca bir literatüre havale etmek gerekecek. Bu konuda daha derin bilgi edinmek isteyen okurlarıma öncelikle primat davranışları konusunda dünya çapında bir uzman olan Frans de Waal'ın eserleriyle, özellikle de *Bonobo ve Ateist* başlıklı kitabı ile işe başlamalarını önerebilirim.

HAYVANLARDA AHLÂK[4] VAR MI?

Sosyal yaşam karmaşıklığı açısından insanoğlunun seviyesine ulaşabilmiş başka bir canlı bilmiyor olmamıza rağmen birçok canlı da oldukça karmaşık sosyal ilişki kalıpları kurabilir. Canlıların beyin büyüklüğü ve zekâ karmaşıklığı arttıkça, toplumsal ilişki biçimlerinin karmaşıklığı da artar. Mesela beyinleri bizimkinin üçte birinden küçük de olsa canlılar âlemindeki en yakın kuzenlerimiz kabul edilen şempanzeler, birçoğumuzun ancak insanda görülebileceğini düşündüğü sayısız davranışı günlük yaşamlarında sergilerler. Bir kere onlar da insanlar gibi yalan söyleyip hile yapabilirler. Oysa yalancılık ve üçkağıtçılık oldukça gelişmiş bir beyin gerektirir. Mizah anlayışları da hiç fena değildir (hayvanat bahçesine giden birçok insan buna doğrudan şahit olmuştur). Fakat tek başına hayatta kalamayan ve sosyal açıdan diğer canlılara yaşamsal olarak ihtiyaç duyan tüm türlerde olduğu gibi şempanzelerde de sosyal dokuyu bozabilecek her türlü aşırı davranışa karşı ciddi tedbirler ve grubu birbirine bağlayıcı birçok karmaşık refleks davranış gözlemlenir. Adaletsizlik, kandırmaca, çıkar amaçlı yalancılık gibi durumlar hızlı ve etkin bir biçimde kontrol altına alınamazsa türün devamı için ciddi bir sorun var demektir. Zira daha zeki bireyler daha fazla avantaj sağlayacak ve hayatta kalıp üreme şanslarını artıracak her türlü üçkağıtçılığı yapabilir. Bu davranışın sonucunda da bir süre sonra daha saf, naif ve diğergâm bireylerin zamanla topluluktan silinmesine neden olabilirler. Bu durumda ancak sosyal bir yaşam sürerek hayatta kalabilecek olan o türün devamlılığı, elbette ki tehlikeye girecektir. Çünkü artık herkes kendi türdaşlarına karşı arkasını kollamak durumundadır. Böyle bir sistemdeki bireylerin ortak düşman yahut ihtiyaçlar odağında toplanıp da iş birliği yapması zordur.

---

4 Ahlâk kelimesi Arapçadaki "halk"tan yani "yapılış-yaradılış" anlamındaki kökten türemiştir. Bu kelime, davranış biçimi ve alışkanlık anlamlarını da içerir. Bu köken bilgisi ise "Hayvanlarda ahlâk var mı?" sorusunu tek başına başka bir noktaya taşımaya yeter. Zira tüm canlıların "evrimsel yaratılışlarından" gelen bir davranış kalıbı kümesi, bir tabiatı vardır. Bu tabiata uygun davranış biçimi o hayvanın yahut canlının ahlâkı olarak adlandırılabilir. Bu etimolojik fikrin farklı îmâlarını sizlerin zihinlerine ve gönüllerine bırakıyorum.

Tarihte böyle "bencil" topluluklar var olduysa bile ömürleri oldukça kısa sürmüş olmalı. Zira günümüzde canlılar âleminde bunun örneklerine neredeyse hiç rastlamıyoruz. Onun yerine birbirini gözeten, yardımlaşan, hassas adalet dengelerini gözetirmişçesine dikkatli davranmak zorunda olan, paylaşan ve hatta başkaları için kendisini riske atabilen ilginç örnekleri bolca gözlemleyebiliyoruz. Hayvan davranışlarına bakarken genellikle "insan merkezli" değerlendirme alışkanlıklarımız nedeniyle bu tip davranışlarda bir "amaçlılık" arasak da çoğu zaman bunun gerçeği yansıtmadığını biliriz. Zira insan dışındaki hayvanlar çoğunlukla öyle uzun boylu düşünüp taşınarak, dürtülerine karşı gelerek davranış sergileyemezler. Bu davranışların çoğu içgüdüsel ve doğaldır. Zira milyonlarca yıl boyunca sosyal dokuyu en sağlam bir arada tutabilecek olan davranış kalıpları, aksi olanların elenmesi yöntemiyle özenli bir biçimde seçilmiş ve bugünlere gelmiştir.

Frans de Waal, *Şempanze Siyaseti (Chimpanzee Politics)* kitabında, şempanzelerin karmaşık politik davranışlarına ve bunun üreme davranışları ile ilişkisine dair gözlemlerini paylaşır. İlk baskısı 1979 yılında çıkan bu klasik eser, bugüne kadar Amerika Birleşik Devletleri'ndeki birçok siyasetçinin ve kongre üyesinin de okuma listesine girmiş. Bu önemli bir işaret... Çünkü şempanze davranışları sadece onları değil, davranış kalıpları olarak onlara oldukça yakın duran biz insanları da yakından ilgilendiriyor. Şempanze, bonobo, orangutan ve goril gibi birçok insansı maymunda insana benzer çok sayıda davranış gözlemlenebiliyor. Gruplaşma, gruplar arası savaşlar, namus cinayetleri, isyanlar, iktidar mücadeleleri, çeşitli ayak oyunları, karmaşık ve iş bölümüne dayalı pusu kurup avlanma davranışları, yaşlılara yardım etme, yiyeceğini paylaşma, mahkeme, cezalandırma usulleri ve daha neler neler...

Bazı gruplarda sırayla herkes birbirinin tüyleri arasındaki bitleri ayıklıyor. Bunu içgüdüsel olarak yapıyorlar çünkü bugün bir başkasının sırtındaki bitin ayıklanması, yarın kendi sırtındaki bitlerin de birileri tarafından ayıklanacağını garanti ediyor. Biz bunu düşünerek, belki çıkarcı bir tarzda yapabiliriz ama maymunlarda yahut benzer sosyal davranış gösteren canlılarda bu davranışın alternatifini görmek pek mümkün değil. Görülse bile topluluğun diğer üyeleri tarafından o "bencil" birey hızla dışlanıyor veya cezalandırılıyor. Bu arada, hayvanların bizim gibi düşünüp hissetmemesinden bahsederken onların duyguları olmadığı anlamı çıkmamalı. Zira bizden farklı da olsa onlar da düşünüyor, onlar da birçok şeyi derinden hissedebilecek duygulara sahipler.

Canlılar dünyası böyle sayısız örnekle dolu; bunlar da henüz gözlemci ve bilim insanlarının görebildiği kısımları. Peki, insanların davranışları bunlardan bağımsız mı? Elbette ki hayır. İnsanın en önemli farkı, tabiattaki canlıları kökten bağlayan bu kuralları esnetebilmeleri ve hatta sıklıkla ihlâl edebilmeleri. Günümüzün kapitalist sisteminin ürettiği dengesizlik, insanın bencilliğinin bu kadim evrimsel dengeyi bozmasının açık neticelerinden birisi. Sadece kapitalizm değil, insan ürünü hemen tüm sistemler, tabiattaki kökenlerinden kopuk olarak türetilen temel bazı çıkış noktalarından dolayı saadetten ziyade zulme ve sıkıntıya neden olabiliyorlar.

Öte yandan herhangi bir dinî görüşe yahut ideolojiye bağlı olmayan insanlar, toplu halde yaşamanın tüm kurallarına gayet rahat uyum sağlayabilir ve bundan fayda görebilirler. Dahası dinî inançlarla hiç karşılaşmamış insanlarda dahi "doğru ve yanlışın" ne olduğuna dair yargılar hızla gelişip yerleşir. Çünkü tek başına hayatta kalamayan böylesine zayıf bir canlının toplumun geri kalanıyla sağlıklı bir ilişki ve iş birliği kurabilmesi için bu kuralları anlayıp uygulayabilmesi şarttır.

Hepimiz doğuştan bu tip kurallara uygun bir davranış repertuarı potansiyeli ile dünyaya geliriz. Getirdiğimiz potansiyel ise büyük oranda kendimizi içinde bulduğumuz sosyal koşullara göre yeniden şekillenir. Dolayısıyla insandaki bu tip ahlâkî davranış kalıplarının çoğunlukla doğuştan, evrimsel ayarlarımızdan geldiğini söylemek mümkündür. Bu gerçek, dinleri ve inançları hiç de gereksiz hale getirmez. Zira bu ayarlarını "sıklıkla" unutan insanoğlu hem kendi türünün hem de tabiatın geri kalanının başına ciddi bir bela olma potansiyeli taşıdığı ve bu zararı sıklıkla verdiği için, bu kadim gerçeklerin ona sıklıkla hatırlatılması gerekir. İşte neredeyse tüm gelenek ve inançlar da aslında bunu yapmaya çalışır yani kısaca insana gerçek ayarlarını hatırlatır.

"Evrimsel ahlâk", çoğu zaman insanların inançlarına yahut geleneklerine dayanan ahlâk anlayışlarından çok daha genel, çok daha evrensel ve çok daha kapsayıcıdır. Maalesef günümüzde yerel anlayışlara sıkışmış, dar yorumlarla yozlaştırılmış nice özünde güzel mesaj; insana iyilik ve esenlik getirmekten çok kavga, huzursuzluk ve kan dökme nedeni haline gelebiliyor. Zira bu ahlâk ve yaşam anlayışlarının çoğu, belli coğrafya ve kültürlere ait toplumların temel sorunlarını çözebilmek için üretilmiş yerel çözümlerden oluşur. Halbuki ayarlarımıza incelikle işlenmiş "doğru yaşam prensiplerini" her an hatırlayabilsek, işte o zaman daha düne kadar insanlığın hayatını karartan ve bugün hâlâ çeşitli yerlerde tüm ilkelliği ve şiddeti ile devam eden fakirlik, ırkçılık, bağnazlık ve cehaleti çok daha kolay yönetebilir hatta bunları yeryüzünden silebilir hale gelebiliriz. Kulağa "aydınlanma romantizmi" gibi gelse de tekrarlamak isterim: Günümüzde bu hedefe bizi en hızlı ulaştıracak araç, bilim ve eleştirel düşünme becerisidir. Bu becerilerimiz arttıkça, vicdan ve doğal ahlâkımızı da (bizim kültürümüzdeki ifadesiyle *gönlümüzü* de) rehber edinerek, bizi insan yapan özellikleri çok daha açık ve tarafsız bir biçimde anlayabileceğiz.

Çokça tekrarladığım bir şeyi burada bir kez daha yinelemek isterim: Hayatları boyunca hiç gerçek doğal ortamında bir maymun görmemiş, şehir ve çiftlik hayvanları dışında hayvan tanımayan, ıslah edilmiş bitkiler dışındaki bitki yaşamından bihaber, canlılığın devasa ve mikroskobik boyutlarıyla ilgili tamamen bilgisiz, kitaplardan haberdar oldukları dışında yaşamın zenginliğini deneyimleme şansı bulamamış insanların; "insan" ve "ahlâk" hakkında konuşacağı her şey, ortaya atacağı her fikir, eksik ve kusurlu olmaya mahkûmdur. Velev ki bu bilgiler köken itibariyle "İlâhî bir kaynak"tan geliyor olsun; bu dünyayı hakkıyla ve zamanının bilgisiyle öğrenmekten uzak duran insanların bu mesajları dahi anlaması muhaldir. Zira "Türkçe bilmeyen birinin bu metni anlayamayacağı" gibi, **tabiatı anlamamış, tabiatından kopmuş bir**

insanın da "gerçekleri" bizzat kaynağından duysa bile hakkıyla anlayabilme ihtimâli yoktur.

Dünyayı bilmeyen, canlılığı tanımayan; kendi zanları içinde boğulmaya ve diğer insanları da çağlar boyu olduğu gibi yanıltmaya mahkûm olur. Niyetler ne kadar iyi, düşünme metotları ne kadar sağlam olursa olsun, kendi zihinsel zanları içinde yaşayan insanın medeniyetin başlangıcından beri en büyük engeli ve sorunu budur. Halbuki tabiat, hepimize açık, sınırsız bir bilgi ve deneyim kaynağıdır. Evet, bu evren karmaşık ve anlaşılması pek zor bir sistemler bütünüdür. Fakat yeterince çaba gösterip zamanın bilgi kaynaklarını bu yönde inatla seferber ettikçe, zanlarından çıkıp temâşâya (gözlem ve hissetmeye) yöneldikçe, insana "nerede yanlış yaptığını" en iyi gösterecek rehber de odur. Neye inanıyor olursanız olun karşımızdaki en büyük bilgi, en önemli bilgelik kaynağı, bağrında yoğrulduğumuz bu muhteşem tabiat ve evrendir.

BİYOLOJİMİZE KODLANMIŞ DUYGUSAL İHTİYAÇLARIMIZ

İnsanın diğer insanlarla duygusal ilişkiler kurma ve diğerleriyle sıkı bir toplumsal ilişki içinde bulunma ihtiyacı o kadar derin ve vazgeçilmezdir ki daha dünyaya gelmeden evvel bununla ilgili tüm sinir ve hormon sistemleri hazır hale getirilir. Bu biyolojik kodlama sistemini insan bedeninin gelişimini incelediğimizde açıkça görebiliyoruz. İnsan beyninin gelişimi ve gelişimin kritik dönemlerine ilişkin bilgileri detaylı olarak *Değişen Be(y)nim* (Tuti Kitap, 2015) adlı kitabımda daha önce sizlerle paylaşmıştım. Burada çok özet bir biçimde, gelişimimizin sosyal bir canlı olarak insan olmamıza nasıl etki ettiğine bakıp, detayları adı geçen kitaba havale edeceğim.

Beyin normalde doğumdan itibaren işlev görmeye başlayacak bir organımız olmasına rağmen anne karnındaki embriyoda ilk ve en hızlı gelişim gösteren beden parçalarımızdan birisidir. Zira dünyada hayatta kalmak için aşırı gelişmiş bir beyin ve sinir dokusu geliştirme ihtiyacımız, zamanımızı oldukça daraltır ve hazırlıklara çok erken başlarız. Üstüne üstlük, annelerimiz dik yürüdüğü ve bu nedenle kalça kemikleri diğer primatlara göre daha dar olduğu için, beynin gelişimi tamamlanmadan erkenden doğmak zorunda kalırız. Bu nedenle de beyin gelişiminin büyük kısmı doğumdan sonraki yıllarda devam eder.

Tıbbî tabiriyle söylersek, aslında hepimiz yetkinlik ve beden gelişimi anlamında "prematüre" yani "tam olgunlaşmadan önce" doğarız. Normal doğum zamanı olan yaklaşık 9 aylık süreçten önce doğan prematüre bebekler, çoğumuzun bildiği gibi hastanede belli bir süre müşâhede altında tutulurlar. Bu gereklidir çünkü özellikle ciğerleri nefes alıp verme işlevini yapmaya henüz uygun değildir. Olgunlaşma tamamlanınca bebek, anne bakımına teslim edilir. Normal bir doğum sonrasında meydana gelen insan bebekleri ise belki tıbben prematüre değildir. Fakat hayvanlar âlemindeki diğer canlılarla, memelilerle karşılaştırınca bizim bebeklerin durumu içler acısıdır. Doğum ânından iki, üç yıl sonrasına kadar anne bakımı ve aile desteği olmadan hayatta kalamayacak kadar yeteneksiz doğarız. Bir bebek zürafa doğumdan sonra dakikalar içinde yürümeye ve süt emmeye başlayabilirken, insan bebeklerinde yürüme bir yılı aşkın zaman alır. Bunun nedeniyse beyin devrelerinin bu işi yapacak kadar olgunlaşabilmesinin ancak bu kadar zamanda mümkün olabilmesidir.

Doğumdan sonra geçirdiğimiz bu uzun olgunlaşma dönemi, aynı zamanda beyin gelişimimizin karmaşıklığı ve benzersizliği açısından da en önemli zaman dilimidir. Maruz kaldığımız sosyal ortam ve ilişki biçimleri, beynin ne tip davranış devreleri oluşturacağını belirler. Sevgi dolu ve olumlu bir aile ortamı, sağlıklı bir beyin gelişiminin temel gereğidir. Şiddet dolu ve huzursuz bir ortamın ise beyin gelişimini ciddi anlamda olumsuz etkileme potansiyeli taşıyan travmatik şartları teşkil ettiğini biliriz. O nedenle insan neslinin sağlığı büyük oranda anne, baba ve diğer aile bireylerinin bebeğe ve birbirlerine karşı olan davranışlarının sağlığı ile ilişkilidir.

İşte bu noktadan başlayarak, biyolojimizde yer alan birçok sigorta mekanizması devreye girer. Özellikle anne bedeninde oksitosin ve prolaktin gibi hormonların aşırı salgılanması, sevgi ve şefkat duyguları ile koruyuculuk reflekslerinin içgüdüsel olarak ortaya çıkmasına zemin hazırlar. Çocuklarına eziyet eden veya onları öldüren canavar ruhlu insanlarda, eğer faillerin hepsi detaylı olarak incelenebilecek olsa, bahsettiğim biyolojik sistemlerde meydana gelmiş muhtelif arızaları görme ihtimalimiz çok yüksek olurdu.

Sadece annenin de değil, bir bebeğin etrafındaki hemen herkesin davranış kalıplarında büyük bir değişim ve olumlu tarafa doğru kendiliğinden gelişen bir dönüşüm gözlenir. Bu gözlem, beyin devrelerinin de "bebeğin sevimliliği ve değeri" uyaranına bağlı olarak değişime ve dönüşüme uğradığını gösterir. Zira artık biliyoruz ki beyindeki şebekeler ve iletişim hatları değişmeden davranışların değişmesi mümkün olmuyor. Bu basit ve bilindik örnekler, biyolojik donanımımızın en azından yavruyu hayatta tutmak için nasıl incelikli bir kontrol mekanizması ile donatıldığını gösteren sayısız örnekten sadece birkaçıdır.

Çoğumuz kendi çocuğumuz yahut akrabamız olmasa da bebekleri sevimli buluruz (burada da istisnalar elbette vardır). Ağır düzeyde bir psikopatolojiden muztarip değilsek bir bebeğe zarar vermeyi düşünemeyiz bile. Sizce akrabamız bile olmayan bebekleri çoğu zaman sevimli bulmamızı sağlayan şey nedir? Öğrendiğimiz inançlarımız yahut geleneklerimiz mi? Hayır. İçgüdüsel olarak bebekleri sever, onları gördüğümüzde davranışlarımızı daha sakin ve nazik olacak şekilde değiştiririz.

Sevimli çizgi film karakterlerinin çoğunun kocaman kafalı olduğuna dikkat etmiş olabilirsiniz. Bu da tesadüf değildir; insan ve genelde memelilerin bebeklerinin kafaları beyin hacminden dolayı erişkinlere göre oransal olarak daha büyüktür ve büyük kafalar tam da o nedenle bize sevimli gelir. Bu duygu, türümüzün devamını garanti edecek en önemli içgüdü repertuarımızın küçük işaretlerinden birisidir. Neslimizin devamı için o zayıf ve çaresiz bebeklere el birliğiyle iyi bakmamız gerekir. İşte bu nedenle milyonlarca yıl boyunca genel olarak bebeklere olumlu hisler üretecek bir biyolojik sistemle donatılmış durumdayız.[5]

5 Bu noktada, yavrularını öldüren bazı hayvan örnekleri aklımıza gelebilir. Mesela laboratuvar fareleri bazen kendi yavrularını ısırarak öldürebilirler. Bu olayların çoğunda, yavrunun ölümcül olabilecek bir hastalık taşıması veya in-

Bu donanım özelliklerini sadece erişkinlerde değil, bebeklerde de açıkça görebiliriz. Onlar da hayatta kalabilmeleri için gerekli tüm davranışları öğrenmeden gerçekleştirebilecekleri zengin bir repertuar ile dünyaya gelirler. İlk bebeklik dönemlerimizi düşünelim. O dönemlerde kalıcı bir hafıza kaydı yapamıyor olmamız belki de büyük nimettir. Çünkü o dönemler bizim için oldukça kaotik ve anlaşılmaz bir dünyada geçer. Anne karnındaki o mutlu mesut olduğumuz, sıvının içinde yaşadığımız, ışık ve ses gibi uyaranlardan büyük oranda bihaber olduğumuz yerden çıkar çıkmaz kendimizi ışıklı, sesli, gürültülü, soğuk, rahatsız, yerçekimini hissetmeye başladığımız, elimizi kolumuzu oynatmak, emmek ve yutmak zorunda kaldığımız garip bir yerde buluruz.

Özetle doğum olayı her bir insan için ciddi sorunlu ve yaralayıcı bir deneyimdir. Bu büyük dönüşüm sırasında hissedilen o aşırı endişe ve korku halini yönetebilmek, bu zayıf ve çıplak canlının hayatta kalması için kaçınılmaz bir zorunluluktur. Az önce de işaret ettiğim gibi böyle sarsıcı bir deneyimi ömür boyu bir ruhsal yara (travma) olarak taşımamamız açısından, o dönemdeki olayları (en azından bilinç düzeyinde) hatırlayacak bir hafıza kayıt mekanizmamızın olmaması gerçekten büyük bir nimet olsa gerektir! Beyin devrelerinin doğumdan ancak birkaç yıl sonra olgunlaşabilmesini sağlayacak şekilde seçilmiş gelişim süreçlerimiz sayesinde bu eşsiz "unutkanlık" nimetinin çok faydasını görürüz.

san gibi başka bir nedenle "kokularının değişmiş olması" ana sebeptir. Bazen tecrübesiz laboratuvar asistanları, çok sevimli gözüken yeni doğmuş fare yavrularını ellerinde biraz sevip sonra kafese bırakırlar ve ertesi gün genellikle hepsinin anneleri tarafından öldürülmüş olduğunu görüp dehşete düşebilirler. Halbuki bu normaldir zira insanların kokusunun hayvana geçmesi veya herhangi bir genetik hastalık, annenin yavruyu tanımasının temel yollarından birisi olan koku sinyallerini bozabilir ve bu da annenin çocuğunu hasta veya yabancı olarak işaretlemesine neden olarak öldürmesi sonucunu doğurabilir. Bu refleks uzun vadede yine türün devamı için oldukça faydalıdır. Çünkü hastalıklı bireylerin erkenden ortadan kaldırılmasını sağlayarak popülasyonun genetik sağlığı için yardımda bulunur. Elbette insanlar bu durumda farklı bir noktadadır. Hayvanlar tıbbi yöntemlere sahip olmadıklarından böyle bir yola mecburen yönelmek durumundadırlar. Ama insanlar, tıbbi yöntemlerle hem zayıf ve hasta fertleri hayatta tutabiliyor hem de onların hayat kalitesine her geçen gün daha fazla katkı yapabiliyor. Bu örnekteki fark gibi nedenlerle, biyolojide gördüğümüz her mekanizma insana doğrudan uygulanabilir değil...

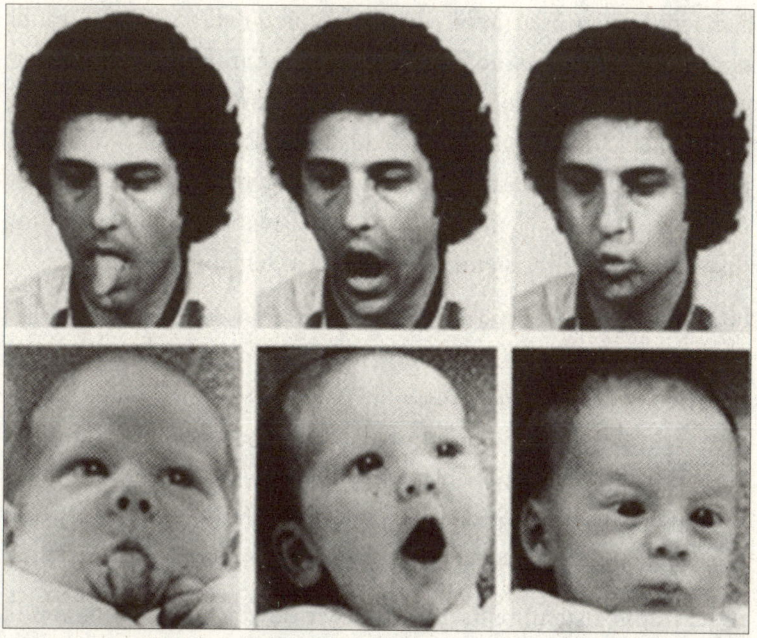

GÖRSEL 1: Ayna nöron sistemine atfedilen ve doğuştan gelen taklit yeteneklerimize minik bir örnek. Evde deneyebilirsiniz! (Meltzoff ve Moore, 1977; Science, 198, 75-78.)

Bir başka önemli adaptasyon, anne şefkati ve aile bakımı davranışının milyonlarca yılda tercih edilerek baskın hale gelmesidir. Özellikle annenin yahut ilk bakım veren kişi veya kişilerin etkisi bu açıdan başat önemdedir. Bebekler annelerinin yanında ve aileleriyle birlikte kendilerini güvende hissettikçe, sinirsel gelişim istenen hız ve verimde ancak gerçekleşebilir. Bunun sağlanamadığı durumlarda insana neler olabileceğini gelişim psikolojisindeki sayısız olumsuz örnekten biliyoruz. Anne ve baba arasında tutkulu bağlılık, sahiplenme, sevgi ve şefkat duyguları gibi düşünebileceğimiz tüm davranış ve duygu versiyonları, bu zayıf bebeğin hayatta kalabileceği şekilde evrilip uyarlanmıştır. Mesele sadece bununla da kalmaz. İnsan bebekleri de doğdukları andan itibaren ilgiyi üzerlerine çekme ve diğer insanların davranışlarını öğrenme konusunda inanılmaz derecede yetenekli doğarlar. Mesela daha birkaç saatlik bebekler, karşılarında göz teması kurdukları insanların abartılı yüz hareketlerini, dil çıkartma yahut ağzını kocaman açma gibi davranışlarını büyük oranda tekrar ederler. Bunu (muhtemelen) bilinçsiz ve otomatik olarak yaparlar. Fakat daha gözleri ve görme sistemleri doğru düzgün çalışmayan bu bebeklerin böyle bir yetenekle doğmaları oldukça düşündürücüdür. Bu yetenek hepimizde doğuştan vardır ve bu sayede diğer insanlarla çok kolay "bağ" kurabiliriz. "Ayna nöron sistemi" olarak da bilinen bilinç dışı davranış taklit sistemi, bu becerilerin temelinde yer alır.

Görünen o ki bu karmaşık sistem, beynin doğumdan itibaren hazır olarak gelen ilk sistemlerinden birisidir. Temel acıdan kaçma, eklemleri bükme ve tutunma refleksleri gibi yaşamsal öneme sahip tüm refleksler de doğumdan itibaren hazır bulunur. Zira bunların şans eseri öğrenilmesini beklemek, bu zayıf bebeğin hayatta kalması açısından çok riskli olacaktır. Bir başka deyişle, bir refleks doğuştan hazır geliyorsa yaşamsal önemi çok büyüktür diye de düşünebiliriz.

Ayna nöron sistemine dayalı refleksler de görünen o ki bu sınıfa girmektedir. Karşısındaki insanların hareketlerini taklit etmeye programlı bir bebek bu sayede temel beden hareketlerini, sosyal ilişki kurallarını ve hatta dili bile kolaylıkla öğrenebilir. Mâlum, ana dilimizi de önce "taklit" yöntemi ile ediniriz. Kimse bize yaşamın ilk yıllarında gramer ve dil bilgisi dersi vermez.

Bebeklerin bu şaşırtıcı yetenekleri onlara farklı avantajlar sağlar. Mesela hemen hepimiz bebeklere bayılırız. Onların âciz halleri ve sevimlilikleri genellikle tüm dikkatimizi uzunca bir süre onların üzerinde yoğunlaştırmamızı zorunlu kılar. Bunda bizim zihinsel sistemlerimizde bulunan ilgi, şefkat, koruma gibi güdülerin elbette büyük payı vardır. Fakat bebekler de bu ilgiyi sadece sevimlilikleriyle alacaklarına güvenmeye programlanmış değildirler. Bebekleri gözlemleyen hemen herkes, neredeyse tüm bebeklerin, etraflarındaki insanların ilgisini sürekli üzerlerine çekme ve bu ilgiyi olabildiğince (en azından ihtiyaçları sürdüğü sürece) canlı tutma amaçlı oldukça zengin bir davranış repertuarına sahip olduklarını fark edecektir.

Bebeklerin karşısında uzunca bir süre sessiz, ifadesiz, herhangi bir şey yapmadan oturduğunuz zaman bebeklerin çok sıkıldıklarını, bağırıp çağırdıklarını ve sizin ilginizi çekmek için çeşitli hilelere başvurmaya başladıklarını görebilirsiniz. Evet, siz de o çabalara kayıtsız kalmakta zorlanabilirsiniz. Fakat biraz dayanırsanız, sadece "sosyal iletişim eksikliği" için bebeklerin nasıl can sıkıcı tepkiler üretebildiğine muhtemelen şaşıracaksınız.

Bebekler doğuştan gelen yetenekleri sayesinde kendilerini ilgiyi devamlı kendi üzerlerine çekmek, kendileriyle devamlı olarak ilgilenilmesini sağlamak zorunda hissederler. Otistik bireylerde bu davranışların büyük oranda yetersiz olmasının sonuçları mâlumdur. Herhangi bir sorunu veya açlık, susuzluk, boşaltım ihtiyacı gibi fizyolojik bir problemi olmayan bebeklerle biraz zaman geçirdiğinizde, herhangi bir şey yapmasanız bile ona yüz ifadeleriyle karşılık verip onun gönderdiği pasları doğru biçimde karşıladığınızda bebeğin daha rahat, daha mutlu olduğunu fark edeceksiniz. Bu tip sade ve günlük örnekler, insan bebeğinin -henüz algılama sistemleri tam oturmamasına rağmen- karşıdaki insandan duygusal geri bildirim almaya ne kadar programlı olarak dünyaya geldiğini bize açıkça gösteriyor. Bu özelliklerimiz nedeniyle aslında bizler karşımıza çıkan tüm duygulanımları sünger gibi emiyoruz ve bu beslenme, bizi biz yapan temeli oluşturması açısından çok belirleyici bir etkiye sahip.

Dahası, bu ihtiyaç sadece bebeklik dönemimize has değil. Diğer insanlar tarafından görülmek, tanınmak, anlaşılmak ve sevilmek, insanın ömür boyu en önemli ihtiyaçlarının başında gelir. Zira biyolojimiz bu bölümde gördüğümüz tüm nedenler ve burada zikretmeye yerimiz olmayan nice detaylı mekanizmalarla, "diğerlerine" ayrılmaz bağlarla bağlanmamızı zorunlu kılar.

İNSAN BEYNİNİN ESAS VARLIK AMACI

1960'lı yıllardan beri "zenginleştirilmiş ortam" adı verilen deneylerde, farelerde beyin gelişiminin mekanizmasına dair ilginç içgörüler elde ediyoruz (Detaylı bilgi için: *Değişen Be(y)nim*, s. 49-54.) Özetle, erken gelişim dönemlerinde yetiştikleri yapay kafes ortamının içine çeşitli zenginleştirici uyaranlar (oyuncaklar, çarklar, tüneller, renkli objeler) yerleştirilen fareler, sıradan ve çıplak kafeslerde büyütülen farelere göre çok daha zeki ve akıllı hale geliyorlar. Bunun 90'lı yıllarda anlaşılan temel nedeni, farelerin beyninde doğuştan gelen bağlantıların gereksiz görülüp silinmesini engelleyen bir fazla uyaran etkisidir. Normalde tüm memeliler beyinlerinde doğuştan itibaren gereğinden daha fazla hücreler arası bağlantılar (sinapslar) taşırlar. Doğumdan itibaren karşılaştıkları koşullara göre bu bağlantılar ya kullanılıp sağlamlaşır yahut kullanılmadıkları için ortadan kaldırılırlar. Böylece canlının beyni, ilk kritik dönem boyunca maruz kaldığı çevresel şartlar tarafından belirgin olarak şekillendirilir. Bahsettiğim gibi zenginleştirilmiş kafeslerde büyüyen farelerin beynindeki, mikroskop altında görülebilen en belirgin fark, sinir hücrelerinin diğer farelere göre çok daha dallı budaklı, çok daha fazla başka hücreyle iletişim kurabilecek yollara sahip olmasıdır. Zengin bir büyüme ortamı bu nedenle beyin gelişimi için hayatî önemdedir.

Peki, insan bebekleri için bu farelerin kafeslerindeki oyuncakların ve zengin ortamın karşılığı nedir? Kesinlikle farelerde olduğu gibi "oyuncaklar" değil. İnsan bebeği, etrafta hazır ve yapılandırılmış bir çevreyle karşılaştığında, çözecek bir sorun veya yapacak yeni bir şey bulamadığında gelişemez. Çünkü evrimsel kurgusu "sorun çözme" üzerine yapılandırılmıştır. Yani o bildiğimiz oyuncakların çoğunun, aslında zihinsel gelişimimiz için olumsuz etkiye sahip olduğundan şüphelenmemiz için yeterli nedenlerimiz var. Farelerdeki bağlantı sistemini geliştiren o oyuncakların bizdeki karşılığı sosyal etkileşim, duygusal alışveriş, sözel iletişim ve maddesel nesneler arasında yeni ilişkiler kurmayı gerektirecek "icat ve keşif" faaliyetleridir.

Bu faaliyetler insan beyninin milyonlarca yıldır esas uzmanlaştığı alanlardır ve "insanî devrelerin gelişebilmesi" için bu tarz uyaranların mümkün olduğunca fazla olması elzemdir. Büyük sanatçıların hayat öykülerinde çoğunlukla "küçükken kendi oyuncaklarımı kendim yapardım" tarzında anıların yer alması da bu nedenle boşuna değildir. Günümüzde "sonuçta ne yapılacağı belirli tak-çıkart oyunlar"dan, insanlar arasındaki iletişimi imkânsız kılan dijital teknolojik oyuncaklara kadar birçok etken, sosyal beyin gelişimimize ciddi hasar verebilme yahut bu gelişimi geciktirebilme potansiyeli taşıyor. Halbuki insan, bunlardan çok daha karmaşık bir yaşam örüntüsünü yaşamak ve benzersiz problemlere çözüm üretebilmek için tasarlanmış bir canlıdır.

Uzunca bir zamandan beri insanların zihinsel potansiyelleri söz konusu olduğunda, karşımıza IQ testleri ve benzeri kapasite puanlamaları gelir. Mesela "falanca oyun yahut eğitim sisteminin IQ puanını şu kadar artırdığına" dair bolca haber, rapor yahut vaat görebilirsiniz. IQ, eğitim sistemleri tarafından çok kutsanan ve adeta insan zekâsının tek ölçüsüymüş gibi lanse edilen bir test yöntemidir. Halbuki IQ, insan zihninin "bilgisayar vârî" yeteneklerini ölçmek için tasarlanmıştır.

İşlem hızı, hafızada tutabilme, çapraz bağlantı kurabilme gibi alanlarda üretilmiş sınama sorularından müteşekkil bu tip testlerde, bilgisayarlarla yarışmamız mümkün değil artık. Zira biz bu işleri daha iyi yapsınlar diye bilgisayarları ürettik. Onlara vermeyi düşündüğümüz bu tip işlerde ne kadar yetenekli olduğumuza göre yapılan bir sınıflandırma ile insanı değerlendirmeye çalışmak, yıllardır düştüğümüz en büyük hatalardan bir tanesi. Günümüzde "yapay zekâ devriminin insanı gereksiz kılacağı" korkusu bu açıdan hiç de yersiz değil. Eğitim sistemlerimiz, bilgisayar gibi çalışan insan zihinsel özelliklerini o kadar seviyor ki bilgisayarların yapay zekâ ile güçlenip bu işleri hepimizden çok daha doğru ve hızlı yapabildiği günümüzde, eğitimin arzu ettiği başarı da tamamen anlamsızlaşıyor. Artık bilgisayarlar o işleri bizden çok daha iyi yapıyorlar ve insan, kendi icat ettiği bir "sorun çözme" yöntemine kendi kendini hapsettiği için şu aralar "gelecekte ne yapacağı" konusunda endişelenmekle meşgul.[6]

Zihnimiz, karmaşık dünyayı modellere dönüştürerek algılamak konusunda oldukça başarılıdır. Bu sorun da aynı alışkanlığı "kendimize" uygulamamızdan kaynaklanır. İnsanı yaklaşık 150 yıldır bir "bilgisayar-makine" modeline indirgemiş olan kültürel

6 Bu konudaki görüşlerimizin detayları için, Mustafa Acungil ile birlikte kaleme aldığımız *Dijital Dünyada İnsan Kalmak* başlıklı kitabımıza başvurabilirsiniz. (Tuti Kitap, 2019)

kodlarımız, zihinsel özelliklerimizin de sadece "bilgisayar gibi" olan kısmına odaklanmış durumda. Halbuki insanın esas varlık nedeni, insan zekâsının erişim alanı, bunun çok daha ötesindedir.

Beynimizin esas işi; çok farklı ortamlarda, çok farklı sosyal koşullarda ve çok farklı kaotik sorunlar karşısında âni, kalıcı ve işimize yarayan çözümler üretebilmektir. Her seferinde benzersiz, analitik adımlara bölünemeyen, algoritmalara indirgenemeyen, belirsiz ve tekrarsız problemler, bizim gibi bir canlının hayatta kalma becerilerinin temel hedeflerini oluşturur. İnsan zekâsı sadece işlemsel (computational) ve dijital bellekten ibaret değildir. Bu işin sadece küçük bir kısmıdır. Duygusal zekâ, dil zekâsı, sosyal zekâ, *sezgisel zekâ*, *beden zekâsı*, *ekolojik zekâ*, örüntü zekâsı, soyut zekâ, yaratıcı zekâ, *bütüncül zekâ*, *model zekâsı*, *evrimsel zekâ*, *zamansal zekâ*, *fraktal zekâ*, *duyusal zekâ*[7] gibi isimler verebileceğimiz (ve aslında birbirinden kolayca ayıramayacağımız) daha nice zihinsel özelliklerimiz mevcuttur. Temel amaç, dertleri ve ortamı belirsiz, her yere uyum sağlayabilen bu enteresan canlının her türlü sorununu çözebilecek, üretken ve yaratıcı çözümlerin üretilebilmesidir. İnsan beyninin esas varlık amacı, insan zihninin esas donanımının amacı kısaca budur.

OKULDA BAŞARILI OLMAK İÇİN YAPILMADIK

Hayatımızın neredeyse başından beri belirleyici bir role yerleştirdiğimiz eğitim, insan potansiyeli üzerine düşünürken çoğumuzun algısını çarpıtan bir etkiyi de beraberinde getiriyor. İnsanın "başarısı" yahut "potansiyeli" dendiğinde çoğumuzun aklına eğitim basamaklarını veya sınavlarını yüksek verimlilikle geçmek, yüksek notlar almak, iyi bir tahsil yapmak gibi parametreler gelebiliyor. Mesela sevgi dolu, sağlıklı, birbirini destekleyen ve dinleyen bir ailede büyüyen bir çocuğun okulda da doğal olarak "başarılı" (yüksek not alan) olması bekleniyor. Bu çocuk eğer okulda başarısız ise bu sefer de buna başka bir neden yahut bozukluk arıyoruz. Halbu-

7 İtalikle vurguladığım isimler, henüz akademik olarak kabul edilmiş ve kaynaklarda bu şekilde geçen isimler değildir; yani böyle zekâ tipleri şu ana kadar sınıflandırılmamış ve tanımlanmamıştır. Şimdilik sadece üzerinde düşünmek için sunduğum önerilerdir.

ki bizde denklem böyle çalışmaz. İnsanın "yüksek performans" ölçütü okul yahut sınav notları değildir, olamaz. Zira eğitim sistemi, insanî gelişime uygun tasarlanmış bir sistemle işlemez.

Okulda sadece bir şeyler öğrenir ve sınav süreleri boyunca hatırlayabildiklerimize göre değerlendiriliriz. İnsanın başarısı dediğimiz şeyin aslında ne olduğunu anlamak, başka bir bakış açısı gerektirir. Bizler okulda başarılı olmak için evrilmiş canlılar değiliz. Esas işimiz, kimsenin tahmin edemediği kaotik sorunlara, kimsenin aklına gelmeyecek çözümler üretmektir. Diğer tüm faaliyetlerimiz, sosyal görevlerimiz, bu temel göreve göre ikinci planda kalır.

Bir insanın "iyi yetişmesi" için neler yapılması gerektiği, "iyi yetişmiş" bir insanın neleri iyi yapabilmesinin düşünüldüğüne göre cevabı değişen bir sorundur. Mesela itaat eden, toplum değerlerine kökten bağlı, denileni ikiletmeden yapan ve sisteme tam bir uyum sağlayan "uslu insan" modeli amaç olduğunda, o insanın yetişme düzeyinde yapılması gerekenler farklıdır. Yaratıcı, nev'i şahsına münhasır, kendini gerçekleştirme cesaretine sahip ve sorun çözme yeteneği yüksek bir insan yetişmesi isteniyorsa yapılması gerekenler, oluşturulması gereken ortamlar pek farklıdır. Sonuca ilişkin anlayışımız, yöntemi de şekillendirir.

Mesela günümüz eğitim sisteminin temel mantığının, Sanayi Devrimi sırasındaki ve sonrasındaki toplumsal ihtiyaçlara dayanması ve de uzmanlığı kutsayan bir hedefe yönelik olması neticesinde, elimizde ağırlıklı olarak bu tip insanları yetiştirmeye yönelik standardize edici modeller kalmış durumda. Elbette bugün ve gelecek için arzu edilmeye başlanan yaratıcı ve yenilikçi insan tipi açısından bu antik modelin sorun çıkartması, uyumsuz kalması da kaçınılmaz olacaktır. Aynı mantık aile içinde, toplumda ve eğitim kurumlarında, yetişmekte olan genç insanlarımıza yaklaşımda da kendini gösterir. Biz bu insanları ne olmak için yetiştireceğiz? Bu sorunun halli için göz önünde bulundurmamız gereken birkaç temel nokta olduğunu düşünüyorum:

1. Her insan farklıdır. İnsan toplulukları basmakalıp hedefler için yetiştirilemez. Bunun için kişiselleştirilmiş eğitim ve terbiye yaklaşımının, eğitim ve aile içine yerleşmesi gerekir.

2. Yeni çağın sorunları, yokluk değil çokluk sorunlarıdır. (S. Canan, M. Acungil. *Dijital Gelecekte İnsan Kalmak*, 2019, sayfa 90.) Geleceğin insanlarını bu gerçeği göz önüne alarak çeşitlilik içerisinde doğru seçimler yapabilecek insanlar olarak yetiştirmemiz gerekir.

3. Eğitim merkezine modeli, hedefi, kalkınmayı yahut ilerlemeyi değil, bizzat insanı koymak zorundayız. Bu, söylemesi yapmasından çok daha kolay bir iştir. Yüzlerce yıllık alışkanlıkları terk etmeyi ve yepyeni bakış açıları ile ezber bozan denemelere girişmeyi gerektirir.

4. İnsan yetişmesinde, İnsanın Fabrika Ayarları altında işaret etmeye çalıştığım temel biyolojik ayarlarımıza uygun bir ekosistem sağlamak zorundayız. Beslenmeden harekete, sosyal ilişkilerden stres yönetimine, yeniliklerle karşılaştırmaktan sınırları zorlamaya, tüm insanî ihtiyaçlara yanıt veren bir ortam, her türlü koşula uyum sağlayıp sağlıkla yaşam sürdürebilen insanları yetiştirmenin temel şartıdır.

DEHÂ FETİŞİZMİ

Günümüzde hâlâ etkisini sürdüren bir "dehâ fetişizmi" var ve bu hal insana bakışımızı da oldukça olumsuz yönde etkiliyor. Çocuklara gerekli gereksiz uyguladığımız zekâ testleri, üstün yetenekli çocuklara ne yapmamız gerektiğine dair sonu gelmez plan ve programlar, dâhî adını taktığımız insanların işlerinden övgüyle bahsetme alışkanlığı günümüzün anne babaları ve eğitimcilerinin zihinlerinde insan yeteneklerinin özüne dair ciddi bir yanlış anlamayı da beraberinde getiriyor. Bir kere, bir grup insanı "üstün yetenekli" yahut "dâhî" olarak teşhis ettiğimizde, toplumun geri kalanının "sıradan yetenekli" veya "yeteneksiz" olduğunu da zımnen kabul etmiş oluyoruz. Elbette bilinç düzeyinde kimse böyle bir şeyi kabul etmiyor. Ama bilinç dışı eylem düzeyinde, "üstün yetenekli" diye etiketlediğimiz çocuklar için yapacağımız her hamle, diğerlerine yapacağımız yatırımdan daha önemli görünüyor.

Türkiye'de sadece 2010-2020 yılları arasında "üstün zekâlılar" için kurulan derneklere, vakıflara, yapılan çalışmalara, çalıştaylara ve kongrelere bir göz atmak isteyebilirsiniz. Mesleğim itibariyle böyle faaliyetlere çokça davet edilir ve hepsinde aynı şeyi söylerim: "*Üstün zekâlı oranı toplumumuzda %3 civarında olarak hesaplanıyor. Onlar için bir şeyler yapmak adına buralarda toplanıyoruz; pekiyi, toplumun geri kalanını oluşturan benim gibi 'sıradan zekâlı' %97 için ne zaman böyle bir ciddiyet takınmayı planlıyoruz? Neyi bekliyoruz? Bunun önemini anlatabilmek için ne yapmam lazım?*" Bu sorum, genelde derin bir sessizlikle karşılanıyor.

Bu refleksi elbette anlayabiliyorum. Yıllardır Batı bilimine yön vermiş dâhîlerin başarıları eğitim sistemimizin ve kişisel anekdotlarımızın en nadide yerlerinde yer alır. Sürekli onları dinleriz. Dünyadaki tüm ilerlemelerin dâhî ve üstün yetenekli insanlar tarafından yapıldığına inanmış durumdayızdır. Kitaplarımızda Einstein'ın izâfiyet kuramı, Newton'un fiziği, Heisenberg'in belirsizlik ilkesi, Kepler'in evren modeli, Bohr'un atom kuramı, Chomsky'nin dil teorisi ve bunun gibi daha binlerce "birilerinin bir şeyleri" vardır.

İsimler çoğu zaman bize teorilerin ve açıklamaların kendisinden daha önemli gelir. Teoriler de her zaman gerçeği ardında saklayan gereksiz bir perdeye dönüşür. Uzay-zamanın gerçeğini anlamak, yerini Einstein'ı anlamaya bırakır. Itrî'ye olan hayranlığımızdan vakit bulup da yeni Itrî'ler yetiştiremez hale geliriz. Felsefeyle uğraşmak, yerini ünlü felsefecilerin görüşlerini detaylıca anlamaya terk eder. Artık isimler, görüşlerin ve gerçeğin önüne geçmeye başlar. Bu psikoloji, çocukluğumuzdan beri eğitim süreçleri içinde bilinç dışımıza ağır ağır zerk edilen hastalıklı bir algı biçimidir. Sonucu ise bellidir: Çoğumuz, dâhî olmadığımız için bir halta yaramayız. Erken dönemde bir varlık gösteremeyen sıradan faniler olarak ömrümüzü rutin işlerde biteviye harcamak bize yakışanıdır. "Bu yaştan sonra", "yaşına başına bakmadan", "kız başına", "kocaman adamken", "bu ülkede", "hal böyle iken" ve daha bir ton bahane ışığında hayal mahsulü hedeflerle uğraşmak vakit kaybıdır. Biz sıradan insanların görevi, dâhîlerin inşa ettiği dünyada sıradan görevlerimizi sadakatle îfâ etmektir.

GÖRSEL 2: Genç Türkiye Cumhuriyeti henüz 4. yıl dönümünü kutladığında, yani 29 Ekim 1927 günü Brüksel'de çekilen bu fotoğraf, bilim tarihinin en önemli karelerinden birisidir. Tam 17 Nobel ödüllü bilim insanını aynı kareye sıkıştırmaya muvaffak olan fotoğrafçı Benjamin Couprie, o yıl beşincisi düzenlenen Solvay Konferansı'nın ne kadar önemli bir mihenk taşı olduğunu belgeleme bahtiyarlığına bu eşsiz fotoğrafla nail olmuştu. Fotoğraftaki isimler hem dönemin klasik fiziğinin hem de henüz doğuş sürecini yaşayan kuantum fiziğinin en büyük isimleridir. Hemen hepsi alanında "dâhi" kabul edilen bu kadar insanın tek bir kareye sığdırılabilmesini sağlayan şey, şüphesiz bunların "aynı zamanda aynı yerde" bulunmasıdır. Peki, bu insanları bu konferansa toplayan şey, kendi bireysel dehâları mı yoksa o dönemin insanını bütün olarak etkileyen koşullar mıydı? Elbette, fiziğin en büyük devrimine ev sahipliği yapmış o dönem, bireysel bazda çalışan dehâlardansa, birlikte çalışabilen, anlaşamasa bile iletişim kurabilen insanlarla hayat bulmuş bir bilim kültürünün ürünüydü. Dolayısıyla burada dehâlardan daha çok, o dehâları ortaya çıkartan kültürel, sosyal ve politik vasatın iyi analiz edilmesi gerekiyor. Fakat "dehâ fetişizmi" alışkanlığımız, bu basit gerçeği görmemizi de çoğu zaman engelliyor.

Evet belki bunlar kulağa biraz karikatürize bir abartı gibi geliyor ama karikatür, anlatmanın iyi yollarından birisidir. Eğer zihninizin derinliklerini yoklarsanız kendinizi, yapabileceğiniz birçok şeye karşı "yetersiz" yahut "geç kalmış" bulduğunuzu fark edeceksiniz. Bu hisleri birileri zihnimize zamanında yerleştirdi ve çoğumuz bu tip bir yetersizlik "bug"ını[8] zihinsel yazılımımız içinde taşıyoruz. Bu içsel programda, özetlemeye çalıştığım dehâ fetişizminin etkisinin çok büyük olduğunu düşünüyorum.

Halbuki "Sınırları Aşmak" başlıklı beşinci ayarımızda da göreceğimiz gibi, konu hiç de böyle değildir. İnsanlığın başarılarının çoğu kolektif davranabilme, karmaşık sosyal organizasyonlar kurabilme, birlikte çalışabilme ve sürdürülebilir ortak öyküler yaratıp bunları gerçekleştirme becerimizden gelir. Tüm yapım ve yıkım süreçlerimizi aslında bu sosyal birliğe ve sosyal beynimize borçluyuz.

MEDENİYETİMİZİN ZİHİNSEL KODLARINDAN KURTULMAK

Mâlumunuz, bu bölüm boyunca insanın diğer insanlardan ilgi görmeye ve aynı zamanda onlara duygusal alâka duymaya programlı olduğunu vurgulamaya çalışıyorum. Küçük yaşlardan itibaren olumlu duygusal ortamlarda bulunan, kendisiyle verimli şekilde vakit geçirilen çocukların daha sağlıklı, daha dirençli, daha özgüvenli ve sorumluluk almakta daha atak, zorluklara daha dayanıklı insanlara dönüştüklerini açıkça görüyoruz. Ama maalesef toplumumuzun büyük bir kısmında özellikle bugün, bu yapay medeniyetin zirve dönemleri diyeceğimiz günlerde, bu hedefi nasıl yakalayacağımız, insanları bu olumlu özelliklerle nasıl donatabileceğimiz konusunda kafalarımız çok meşgul; hepimiz mucizevî bir yöntemin peşinde gibiyiz. TV programlarında ve kişisel gelişim kitaplarında yazılıp çizilenlere rağmen, hâlâ "ideal insan" yetiştirme konusunda hiçbir fikrimiz yok gibi.

Çocukları olan anne babalar, çocuklarıyla nasıl ilgileneceklerini bilmiyorlar. Verdiğim eğitim ve seminerlerde karşılaştığım eğitimli anne ve babalarda (ama özellikle annelerde) benim gözlemleyebildiğim en yaygın davranış kalıbını, temel bir yetersizlik hissi ve bundan kaynaklanan huzursuz bir arayış hali olarak özetleyebilirim. Sürekli "uzman tavsiyesi" peşinde koşan insanlarla karşılaşıyorum. Çocuk gelişimi veya insan psikolojisi alanında bir uzmanlıkları olmamasına rağmen, uzmanların görüşlerini kı-

8 İngilizcede "böcek" anlamına gelen "bug" sözcüğü, yazılım dilinde "kodlama hatası" anlamında kullanılır.

yaslayarak doğruyu bulmaya çalışmak gibi imkânsız bir işin peşindeler!

O çare arayan insanların uzman olmamaları bir yana, zaten konunun uzmanları bile temel meselelerde anlaşamıyor. Sonuçta kulakları ve gözleri devamlı yeni gelişmelerde gezinirken, zihinleri kitaplardan okuyup uzmanlardan duyduklarıyla meşgulken çocuk yetiştirmeye yahut eğitim vermeye gayret eden insanları hüzünle izliyorum. Doğru davranış biçimine karar verene kadar çocukların onlara ihtiyaç duyduğu yıllar hızla geçip gidiyor. Neticede kendilerini çocukların yetişmesinde sorumlu gören insanların önemli bir kısmı, yarım ve "deneysel" müdahalelerle faydadan çok zarar verme potansiyeli taşıyan bir kaos ile baş başa kalıyor.

Tüm eğitimlerimde özellikle anne babalara vermeye çalıştığım temel mesajımı burada tekrar özetleyeyim:

Biyolojiniz ve duygusal zihniniz ne yapılması gerektiğini çok iyi biliyor. Milyonlarca yıllık beden ve beyin donanımınız bu iş için uzmanlaşmış sayısız devre ve mekanizma içeriyor. Bilgi size ancak bunları nasıl daha verimli kullanabileceğiniz konusunda yardımcı oluyorsa işinize yarar. Üreme, bebek bakımı, hayatta kalma ve fark yaratma gibi temel konularda hiçbirimizin "yeni bilgi"ye ihtiyacı yok. Tek gereken, var olan donanımı kullanabilmek; aklımız dışında kalan sezgi, duygu, dürtü gibi mekanizmalarımızı doğru okuyup onların sinyalleri doğrultusunda davranış geliştirebilme alışkanlığını tekrar kazanmayı öğrenebilmek.

Binlerce yıllık tabiattan kopuk medeniyetin yüklediği kodlardan arındıkça, işin doğrusunu daha kolay keşfedebiliyoruz. Mesela taze anne babalar, bebeklerinin rehberliğinde hareket edebileceklerini öğrendiklerinde genelde şaşırıyorlar. Hepimiz bebekliğimizde, başkalarından almamız gereken şeyi almaya programlı olarak buraya geldik. Bebeğiniz yahut çocuğunuz ne zaman ilgi istiyorsa ona ilgi gösterip, ne zaman tek başına kalmak istiyorsa onu tek başına bırakarak aslında çok sağlıklı bir çocuk büyütme yöntemini keşfetmeye başlayabilirsiniz. Tecrübeli anne babaların zaten çoğunlukla bildiği bu basit taktik, milyonlarca yıldır neslimizi gayet sağlıklı bir şekilde devam ettirebilmemizi sağlayan binlerce "varsayılan" taktikten sadece birisi. İşte İnsanın Fabrika Ayarları, bu tip davranışların yeniden keşfini sağlama amacıyla atılmış bir başlık.

Tabii ki her şey bu kadar basit değil. İçinde yaşadığımız medeniyetin zihinsel kodları dört bir yandan bizi kuşatmış durumda. Bu kuşatmadan çıkmak için çok ciddi düzeyde kendimiz üzerinde okumamız, kendimiz üzerinde düşünmemiz, orijinal yapımızın kökenlerini anlamamız ve biraz biyolojik bilgeliğimize güvenmemiz gerekiyor.

Zor... Ama inanın, çalıştıkça oluyor...

ÖYKÜLER VE SOSYAL ÖRGÜLER

İnsanlar, bildiğimiz en karmaşık sosyal organizasyonları kurabilen canlılardır. Arılar, karıncalar, kurtlar ve geyikler de sosyal canlılardır ama insanların ulaştığı karmaşıklık derecesi, biyolojik âlemde eşi benzeri olmayan bir seviyededir.[9] Adına medeniyet dediğimiz yapılanmayı ve sadece tarihi değil gezegenimizi bile dönüştüren tüm insan işlerini aslında bu organizasyonlar sayesinde başarabiliyoruz. Özellikle 21. yüzyılın ilk küresel çok-satan kitaplarından birisi olan Yuval Noah Harari imzalı *Sapiens* kitabındaki öykünün büyük bölümü, "hayvanlardan tanrılara" uzanan insanlık yolculuğunda karmaşık öyküler yaratma ve bunlara inanma becerimizin medeniyeti nerelere taşıdığını inceliyordu. Kitaptaki öykünün tartışılabilecek birçok yeri olmasına rağmen özellikle "öyküler"in bu organizasyondaki etkisini anlatma konusunda başarılı bir metin olduğunu düşünüyorum.

İnsan zihni hikâye ile çalışır. Size rastgele 25 farklı kelime versem, bunları ardı ardına ve sırayla hatırlamanızı istesem çok zorlanır-

9 Mesela bir arı kolonisinde işçi arıların herhangi bir nedenle örgütlenip "kraliçe arıya karşı darbe yapmaları" ve kovanın içinde bir kargaşaya sebebiyet vermeleri, görmeyi pek beklemeyeceğimiz bir davranış olurdu. İnsan dışındaki sosyal hayvanların sosyal davranış repertuarları, insanlara göre oldukça kısıtlı ve sadedir. İnsan ise şirketlerden ailelere, milletlerden cemaatlere, takımlardan çetelere kadar çok farklı tipte sosyal organizasyonu ortaya çıkartıp bunların içinde yer alabilir.

dınız. Ama bu 25 kelimeyi tamamen uydurma, belki mantıksız ama anlaşılır bir hikâye içine yerleştirip size anlatırsam hatırlama oranınızın çok arttığını görebilirdiniz. ("Sınırları Aşmak" başlığı altında [İFA - III. Kitap] bu konuya tekrar döneceğiz.) Hikâye, zihnimizin olay ve olguları bağlaması için bir çerçeve, daha doğrusu bir nevi "amalgam" sunar. Zihinsel öykülerimiz sadece etraftaki olay, olgu ve kavramları hatırlamamızı sağlamaz; onlara bir "anlam" vermemizi de sağlar. Zaten anlam dediğimiz şeyin kendisi bir hikâyedir. Hayatın anlamsızlığından şikâyet edenler genellikle hayata dair hikâyelerinin olmayışından yahut kişisel hikâyelerinin anlamsızlık üzerinden kurgulanmasından muztariptirler. Zira hayatın kendi başına tek bir hikâyesi yoktur ve anlamlar/hikâyeler, kişiden kişiye şaşırtıcı oranlarda değişir.

Dinî inancınızı (yahut inançsızlığınızı), sevdiğiniz müzik türünü, vatanınızla ilgili zihinsel kodlarınızı, işinize dair düşüncelerinizi, ailenizle olan ilişkilerinizi, arkadaşlarınızla olan etkileşimlerinizi, insanlık, dünya yahut evren ile olan ilişkinizin sizin için ne demek olduğunu ve buna benzer sayısız kişisel görüşünüzü bir gözden geçirirseniz, hepsinin ayrı bir "hikâye"ye dayandığını fark edeceksiniz. Bazı hikâyeler birbirinden bağımsız, bazıları ise birbirleri ile ilişkili olabilir.[10] Ama bunların tümünün anlamını sizin içinizdeki hikâye kurgusu belirler. Dahası da var; hikâye kurgunuz, dünyayla iletişim şeklinizi ve davranış kalıplarınızı da belirler. (Yemediğiniz o yemeği, sevdiğiniz o yabancı ülkeyi, âşık olunacak karşı cins idealinizi veya annenizin sizin için anlamını bir de böyle düşünün.)

Toplumsal örgülerimiz de böyle içsel hikâyelere/anlamlara dayanır. Ailemiz, mahallemiz, dostlarımız, cemiyetimiz, arkadaş grubumuz, gençlik çetemiz, futbol takımı taraftarlığımız, mil-

10 Burada doğrudan konumuz olmasa da bir notu şuracığa düşmem lâzım: Zihnimizdeki hikâyeler (anlamlar) ne kadar bölük ve irtibatsızsa, o kadar fazla zihinsel enerji harcar ve o kadar kopuk-tatminsiz bir hayat yaşama riskine gireriz. Farklı alanlara dair anlamlar/hikâyeler ne kadar örtüşürse; bir başka deyişle merkezî yahut "ana" hikâye ne kadar kapsayıcıysa, o kadar derin bir tatmin ve tamlık duygusu da beraberinde gelir. Dinî öğretilerin bazı insanlar için vazgeçilmez olması, büyük oranda bu tamamlayıcılık özelliğinden gelir. Kozmoloji ve felsefe de sıklıkla bu tamamlayıcı resim için bizlere yardımcı olur.

liyetimiz, düşmanlarımız, iyi-kötü algımız ve zihnimizde var olan hemen her türlü aidiyet yahut pozisyonlama, zihinsel hikâyelerimizin/anlamlarımızın ürünüdür. Zihnimiz, ayrık duyusal ve bilişsel deneyimleri, tüm hayvanlardan farklı olarak bütüncül bir hikâye içinde birbirine bağlar. Bu bağlayabilme yeteneği, dünyaya anlam verebilme yeteneğimizi (yahut anlam verme mecburiyetimizi) de beraberinde getirir. Buna günlük dilde "akletmek" de diyoruz. Akletmek, etraftaki oluşların "anlamlarını" sorgulamaktır ve şu aralar yapay zekâ ile belki de aramızdaki en büyük farktır.

Kısaca anlatmaya çalıştığımız bu hikâyeci zihin yapısı, insanı diğer canlılardan ayıran en önemli zihinsel becerilerden birisi gibi duruyor. Bu derece karmaşık bir hikâye üretme sistemi sayesinde, son derece karmaşık sosyal örgüleri teşkil edebiliyoruz. Yeryüzünde gelmiş geçmiş tüm inanışlar, akımlar ve dönemler böyle ortak paylaşılan zihinsel öykülerin izlerini taşır.

Mesela günümüzde bilimden uzak toplulukların bu mesafesinin temel nedeni, zihinsel hikâyelerinde bilimin belirleyici bir bileşen olarak yer almamasına dayanır. Psikolojide "sosyal temsiller" olarak da bilinen zihinsel kavram kodları, bu ortak öykülerin ürünleridir. İnsan grupları arasında hikâyeler farklılaştıkça, aynı dünyanın deneyimlerine dair bambaşka anlamlar üretmek mümkündür. Günümüzün iletişim dünyasında bunun çok ilginç örneklerine anbean şahit olabiliyoruz. Zenginlik, özgürlük, eşitlik gibi kavramların toplumlar arasında ne kadar farklı algılanabildiğine dair örnekleri hepimiz biliriz. Bu açıdan bizi dost yahut düşman, müttefik yahut rakip, tanış yahut yabancı yapan şeyler de aslında temelde bu hikâyelerdir. Aidiyet duygularına bağlı bir topluluk inşa etmek isterseniz, ilk yapmanız gereken şey onlara kabul edilebilir, sade ve anlaşılır bir hikâye sunmaktır. Antik Mısır'dan küresel İslâm medeniyetine, Afrika'nın ilkel kabilelerinin yaşam kurallarından Türkiye Cumhuriyeti'nin kurucu felsefesine kadar her yerde bu sade hikâyelerin örneklerini görebilirsiniz. Bir hikâye ne kadar geniş kitlelerce paylaşılır ve ne kadar sıkı benimsenirse, harekete geçirici gücü de o kadar fazla olur.

Özetle; yaşamak, düşünmek ve davranış gösterebilmek için hikâyelere ihtiyacımız var. Sosyal beynimiz hikâyelere göre "dosta ve düşmana" karar veriyor, sosyal görevlerimizi tamamen inandığımız ve dahil olduğumuz hikâye grupları belirliyor. Hatta hikâyeler öyle etkili ki bireysel düzeyde neyi yapıp neyi yapamayacağımıza dahi bu zihinsel hikâyeler karar veriyor.

Harekete geçirici bir toplumsal hikâye için bazı temel özellikleri şöyle sıralayabiliriz:

1. **Sadelik:** Toplum yahut grup yapısına yön verecek olan hikâyenin herkes tarafından anlaşılabilir olması gerekir. Sadece anlaşılabilirlik de yetmez. Hikâyenin farklı durumlara uygulanabilmesi ve çeşitlenebilmesi için sade, gereksiz detaylardan uzak olması gerekir.

2. **Bağlayıcılık:** Kurgulanan hikâyenin ayrık insanları birleştirici bileşenlerinin olması gerekir. (Din kardeşliği, ortak millî köken, görev ve sorumluluk ortaklığı gibi...)

3. **Ortak Hedef:** Harekete geçirici bir öykünün en temel bileşeni ortak bir hedefe yönelik olarak insanları harekete geçirebilme potansiyelidir. Yakın bir örnek olarak, Cumhuriyetimizin kuruluşundaki "çağdaş medeniyetler düzeyini aşma" hedefinin birkaç yıl içinde ülkemizde ne tip atılımları sağladığı hemen hepimizin mâlumudur.

4. **Yöntemler:** İyi bir hikâyenin topluluğa basit ve temel düzeyde bir davranış yöntemi sunması gerekir. Az sayıda ve anlaşılır, farklı durumlara uygulanabilir prensipler, her durumda topluluğu hareketli ve canlı tutmayı mümkün kılacaktır.

5. **Tazeleme:** İnsanların paylaştıkları temel öykü gruplarının değişen zaman ve şartlara göre güncellenmesi, sürekli taze ve güncel kalmalarını sağlar. Güncellenmeyen öyküler, yeni nesiller tarafından daha zor benimsenir.

6. **Çatışma:** İnsan tabiatının ilginç bir özelliği nedeniyle başka hikâyelerle çatışma içeren hikâyeler daha kolay içselleştirilir. Temel hayatta kalma güdülerimiz, hikâyemizin anti-tezi ile karşılaşınca kendi hikâyemize daha da bağlı kalma refleksini devreye sokar.

7. **İçgörü:** Başarılı ve birleştirici toplumsal hikâyelerin ortak bir özelliği, kişilerin duygusal olarak ihtiyacını hissettiği ama bilinçli olarak sormaya fırsat bulamadığı soruları sordurma ve onlara cevap oluşturma becerisidir. Kişinin kimliğini, kökenini, varlık amaçlarını, ihtiyaç hiyerarşisini veya toplumdaki rolünü belirleyecek kişisel soru ve cevapları, başarılı öykülerin içinde kendiliğinden yer bulur. Böyle bir üst hikâyenin varlığında, kişi kendini ait hissettiği toplumsal katman veya alt grupların ana hikâyedeki rolüne göre kendi kişisel macerasını da yönlendirebilme otomasyonu hisseder (üstün bir millî birlik öyküsü, kişisel ahlâkî davranışların dahi yönünü belirleyebilir).

8. **Tehdit/Ortak Düşman:** Hikâyenin en diriltici ve harekete geçirici yanını oluşturan ortak düşman; yok edilmesi gereken bir eksiklik, bir grup insan yahut rakip bir hikâye olabilir. Cehaleti, fakirliği, hastalığı yeryüzünden silmek gibi asil ve olumlu düşmanlara yönelik hikâyeler olabileceği gibi maalesef sadece "öyküleri farklı olduğu için" diğer insanları hedef alan ortak hikâyeler de olabilir ve bunlar çok daha yaygın, çok daha hızlı kabul görür. Bu da (belki de) bizim *primat* tarafımız ile insanî melekelerimiz arasındaki dengenin ne tarafa doğru yöneldiğinin iyi bir göstergesini oluşturur.

Bunlar bir topluluğu harekete geçiren öykülerin temel bazı özellikleriydi. Bu hikâyeler ister aile ister mahalle isterse millet düzeyinde benzer içeriklerle çalışırlar. Hikâyeler ne kadar belirgin, sade ve ortak duygulara hitap eden vaziyetteyse, ne kadar paylaşılıyor ve içselleştiriliyorsa, etkileri bireysel davranışlara da o şekilde yansıyacaktır.

Milyarlarca insanla tek bir "tık" ile bağlı olduğumuz yeni dijital çağda elbette hikâyelerin kapsamı da değişiyor. Gelecekteki küresel değişimlerde yer edinebilmek ve belirleyici olabilmek için bu küresel öyküye nerede ve nasıl katkı yapacağımızı, hikâyeyi nasıl şekillendireceğimizi düşünmenin önemli olduğu aşikar. Zira hiçbir dönemde toplumsal öyküler güçlerini yitirmedi; sadece bazı öyküler zayıflarken diğerleri kuvvetlendi. Avcı-toplayıcılıktan yerleşik hayata, oradan devletlere ve imparatorluklara, oradan da ulus devletlere ve ardından küresel medeniyete geçiş yapan insanoğlunun her devirde en çok ihtiyacı olan şey, karmaşık beyin yapısının aracılık ettiği anlam verme ihtiyacını en iyi karşılayan hikâyelerdi ve hâlâ öyle olmaya devam ediyor.

ERKEN DÖNEMLERİN YARALARI

Hikâyelerin ve anlamın yaşamımızdaki belirleyiciliği sadece erişkin insanlara özgü değildir. Dünyaya gözümüzü açtığımız andan itibaren kendimizi içinde bulduğumuz ortam bileşenleri, kişisel hikâye gruplarımızın oluşumunda çok baskın etkilere sahiptir. Bir sonraki bölümde bizi oluşturan hikâyelere daha yakından bakacağız. Fakat burada, erken gelişim dönemlerinde karşılaşmış olabileceğimiz yaralayıcı deneyimlerin (travmaların) kişisel serüvenimizdeki etkilerine kısaca bir göz atacağız.

Bebeğin özellikle annesiyle veya ilk bakım veren kişilerle olan ilişkileri, hayatı boyunca etkilerini sürdürecek birtakım zihinsel kalıpların oluşmasında çok önemli rol oynar. Bebeklik döneminde yaşanan tüm deneyimler, bebeğin dünyayı tanıması için bir kalıp ve şablon olarak hizmet eder. Yaralayıcı deneyimler, algıyı bozan ve rahatsızlık veren şablonlar yaratabilirken; huzurlu ve güvenli bir ilk bebeklik dönemi, yaşamda çok daha direnç ve sebat sağlayan zihinsel devrelerin gelişimini kolaylaştırır. Zira ikinci durumda bebek, en fazla ihtiyaç duyduğu "güven" duygusunu deneyimleyerek gelişimini tamamlama şansı bulur.

Küçük bebeklerle oynadığımız "Ce-e!" oyununu hatırlayalım. Yüzünüzü bir yastığın ardına gizleyip bir süre sonra tekrar göz göze geldiğinizde bebeklerin hayret dolu yüz ifadeleri bizi bir hayli eğlendirir. Dakikalarca sürdürebileceğiniz bu basit oyunun böylesine eğlenceli olmasının sırrı, küçük bebeklerin zaman ve mekân algısının bizim gibi süreklilik göstermemesinde gizlidir. Bebek sizin yüzünüzü gördükçe orada olduğunuzu bilir ama aranıza görsel bir engel girdiğinde sizi onun arkasında olarak algılayamaz. Onun için âniden "yok olursunuz." Engel kalkıp da tekrar görünür olduğunuzda ise bebek için âniden yoktan belirivermişsiniz gibidir.

Gözden ırak olan gönülden de ırak olur sözü bebekler için neredeyse tam anlamıyla doğrudur. Henüz ilgili ön beyin devrelerinin gelişmesi için zamana ihtiyaç duyulduğundan, bebeklerde bize pek basit gelen bu süreklilik algısı çok sonra gelişir. Bu biçare zihin en çok da besin, güvenlik, korunma ve eşlik ihtiyacı içindedir. O nedenle özellikle anne (yahut anne yerine geçen kişi) sürekli hazırda bulunmalıdır. Zayıf bedeni, son derece hızlı metabolizması[11] ve çoğunu anlamlandıramadığı karmaşık uyaranların içinde bocalayan zihni nedeniyle bebek sürekli bir dış güvenceye ihtiyaç duyar.

Şimdi böyle bir durumda bebeğin sıklıkla yalnız kaldığını ve kendisine güven vermesi gereken anne figürüne erişiminin kısıtlı olduğunu düşünelim. Sonuç; bebekte gittikçe artan bir endişe ve onarımı zor bir güvensizlik hissinin gelişmesidir. Bu durum sürekli olarak devam ederse bağlanma kuramlarında "kaygılı bağlanma" denen ilişki tipine yatkın bir zihinsel işleyişin ortaya çıkması da çok kolaydır. "*Her istediğimde süt ve koruma bulamam. Çok büyük bir risk ve tehlike altındayım. En güvendiğim varlık bile beni koruyamıyor!*" algısı ile baş başa kalan bir bebeğin beyin devreleri, gelecekte de her türlü ilişkisinde böyle bir kaygı yaşamaya adeta programlanabilir. Bu tip büyüme örüntüsüne sahip kişiler, erişkinlik dönemlerinde dahi sürekli olarak sevdikleri insanların, dostlarının ve eşlerinin kendisinden uzaklaşacağı, kaybolacağı ve onu terk edeceği korkusuyla bir ömür geçirmek zorunda kalabilirler.

Bunun tam tersine; annesini istediği zaman yanında bulabilen, güvenliği ve sıcaklığı her zaman hisseden insanlar ise ilerideki ilişkilerinde daha rahat olup, sevmeyi ve sevilmeyi gayet doğal bir hak olarak görme şansına sahiptirler. Her zaman yüzde yüz bu durumlar gerçekleşmese de ihtimal olarak sağlıksız bir anne-bebek iletişiminin ileriki yıllarda birçok soruna yol açma potansiyeli olduğunu biliyoruz.

Sosyal ortamlarda her fırsatta "cazgırlık" yapan insan modellerine de âşinâsınızdır. Birçok insanın sakince geçiştirebileceği kimi

11 Yeni doğmuş bebeklerde özellikle beynin hızlı gelişimi metabolizma açısından devasa bir yük oluşturur. Beyin gelişimi için gereken enerji, bebeklerde bedenin harcadığı enerjinin yaklaşık %60 kadarına tekâbül eder.

durumlara bazıları çok sert ve isyankâr tepkiler verebilirler. Böyle kişiliklerin arka planı incelendiğinde, genellikle çocukken istediklerini normal yoldan karşılayamamış, sürekli ağlayıp bağırdığında istekleri karşılanmış tiplerle sıkça karşılaşırız. İlgisiz ebeveynlerin gözetiminde, istediği herhangi bir şeyi ağlamadan yahut hastalanmadan elde edemeyen bir çocuğun beyin devrelerinin ileride aynı mantıkla çalışmaya alışması, çok uzak bir ihtimal değildir. "Ben normal bir şekilde istediğimde hiçbir şey alamam, illâ bağırıp çağırmam lazım!" En ufak bir sorunda bağırıp çağırarak ortalığı hemen velveleye veren, bir şekilde yaygaracı diye nitelediğimiz insanların böyle bir yetişme ortamından geliyor olma ihtimalleri yüksektir.

Peki, her türlü ihtiyacı daha çocuk istemeden karşılanan durumlar da var mı? Elbette; özellikle günümüzün orta halli ve varlıklı ailelerinin çoğunda "benim olmadı, çocuğumun olsun" gibi iyi görünen niyetlerle ortaya çıkan aşırı verici aile tipini düşünelim. Bugün birçok ailedeki çocuklar, daha istemeden her türlü oyuncak, teknoloji ve fırsatı önlerinde hazır buluveriyorlar. Azımsanamayacak kadar fazla sayıda çocuk, tâbir yerindeyse imkânlara boğulmuş bir vaziyette. Hiçbir şey istemesine gerek bile kalmadan anne babasının prensi yahut prensesi olarak büyütülmüş çocuklar bu sefer de ileriki yaşamlarında "istemeyi" bilemiyorlar. Çabalamadan para, makam ve ün kazanma beklentisi içinde nice çocuklar yetiştirmemiz biraz da bu yüzden. Dünyanın onlara hiçbir şeyi anne babaları gibi hazır vermeyeceğini anladıklarında ise kızılca kıyamet kopuyor. Bu hazin tablo birçok kişilik bozukluğunun alt yapısını oluşturabilecek kadar ciddi etkilere sahip.

Kısacası, erken dönemlerde şu yahut bu şekilde travma yahut örselenme yaşamayan adeta yok gibi. Peki, bu dönemler bizim kaderimizi tamamen şekillendiriyor mu? Pek öyle değil...

GELİŞİM VESİLESİ OLARAK OLUMSUZ DENEYİMLER

Erken dönemlerde deneyimlediğimiz her şey bizim için yaşamsal bir temel oluşturur; burası büyük oranda doğru. Fakat özellikle olumsuz deneyimlerin yaratacağı algı ve davranış bozuklukları nâdiren "kader" gibi karşımıza dikilir. Bunun temel sebebi, bu tip olumsuz yaşantıların aslında insanın "eğitiminin" bir parçası olarak değerlendirilebilmesi ve aşılabilmesidir. İnsan; hayatına yön veren travmaları veya olumsuz deneyimleri, etkileriyle birlikte fark edebildiğinde, o deneyimleri kendisini yükselten ve geliştiren basamaklara dönüştürebilir. Fakat bu farkındalık oluşmaz da bir nedenle o yaralar derinleşirse işte o zaman sıkıntılı bir sürecin kapıları aralanabilir.

Zihinsel travma ve takıntıların nasıl tedavi edileceği bu kitabın konusu içerisinde değil. Burada konuyu vurgulama sebebim, insanın gelişimi için özellikle sosyal çevresinden gelen olumsuz etkilerin nasıl olumlu bir işlev görebileceği üzerine farklı bakış açıları geliştirebilmeye yardımcı olabilmek. Travmasız bir yaşam neredeyse mümkün değildir. Şu ya da bu şekilde, gelişim dönemimizde bizi olumsuz olarak az ya da çok etkileyen deneyimlerle çoğumuz karşılaştık. Bir kısmımız bunların hiçbir şekilde izini bile taşımıyor olabilir. Fakat azımsanmayacak kadar insan, kendisi farkında olmasa bile bu tip gelişimsel ve kültürel yaraların duyarlılığı ile yaşamak zorunda kalıyor. Bunların varlığı fark edildiğinde ise olumsuz deneyim yahut travmalar, insanın gelişimi için birer basamak görevi görebiliyorlar. Elbette bu konu başlığı altında tartıştığımız travmalar, cinsel ve fiziksel istismar gibi ciddi yaraların dışında kalan daha düşük düzeyli travmalardır. Zira bu tip büyük yaraların etkilerini gidermek çoğu zaman oldukça güçtür, açılan yaralar çok ama çok derinlere işlemiştir.

Toplum içindeki davranış kalıplarımızın olumsuz taraflarının nedenlerini fark edebilmek kolay değildir. Çoğu kişi kabahati kendinde bulma konusunda isteksizdir ve genellikle şartları suçlar. Yalnızlığımız, anlaşılamama hissimiz, sevgi açlığımız, bağlanma sorunlarımız, kendi kendini gerçekleştiren olumsuz kehânetlerimiz ve benzeri olumsuz ilişki ve davranış örüntüleri, çoğu zaman gelişim süreçlerimizdeki olumsuz deneyimlerimizin yansımaları olabilir.

DİKENSİZ GÜL BAHÇESİ MÜMKÜN MÜ?

Birçok modern anne babayı, psikolojinin artık harcıâlem hale gelen "travma kültü"nün etkisi altında, çocuklarını tamamen travmasız ve olumlu deneyimlerle dolu bir ortamda yetiştirme gayreti içinde çırpınırken görebilirsiniz. Çocuklarımızı büyütürken birçoğumuz onları genellikle dikensiz bir gül bahçesinde dertsiz tasasız, karnı tok sırtı pek, hiç mutsuz olmayacakları, ayaklarına taş değmeyecek bir ortamda büyütmeye çalışıyoruz. Fakat unuttuğumuz çok önemli bir temel ayarımız var: İnsan bireyleri ancak zorluklar, travmalar, hatalar, sıkışıklıklar ve sıkıntılar deneyimlediği takdirde gelişebilir. Sıkıntısız bir ortam insan melekelerinin iflâsına kadar giden bir sürece yol açabilir. Günümüzün "şımartılmış" çocuk modelinde karşımıza en fazla dikilen sorun; hayatın ciddi sorunları ile baş etme becerisi olmayan, hayatını ancak aile şemsiyesi altında idâme ettirebilen, bağımlı ve otonomi yeteneği gelişmemiş bireylerdir. Böyle bir insan modelinin 200 bin yıl önceki bir ortamda hayatta kalıp kalamayacağını şöyle kısaca bir düşünün isterseniz!

Dişe dokunur bir sorunla karşılaşmamış, herhangi bir şeyi yeterince arzulamadan elde edebilmiş insanların bu dünyayla ilgili sağlıklı beklentiler geliştirmeleri oldukça zordur. Bu bağlamda düşünüldüğünde tüm olumsuz deneyimler, ağır travmalar yaratmadığı sürece aynı amaca hizmet eder: Hayatla başa çıkma becerisinin gelişmesi. Olumsuz deneyimler dönüştürülüp aşıldığı takdirde insanın gelişmesine ve "büyümesine" vesile olurlar. Olumsuzluk ne kadar büyükse, aşılması durumundaki tekâmül de o kadar büyük olacaktır. Hayatımızı berbat eden takıntı, olumsuz davranış kalıpları ve düşünce döngülerine bir de bu açıdan bakmak, kesinlikle faydalıdır.

"*Derman arardım derdime / Derdim bana derman imiş*" diyen Niyâzî-i Mısrî, galiba bu temel gerçekliğin altını yüzlerce yıl önceden çizebilenlerdendi. Dertlerimizin çoğunun çözümü, aslında kendimize alıcı gözle bakmaktan geçiyor.

TEMEL MOTİVASYONUMUZ: DİĞERLERİ

Bu kitap sizin için yazıldı. Tüm sözler bir başkası duysun diye söylendi. Tüm eserler diğerlerinin beğenisi için yapıldı. İnsan olarak üretmedeki temel motivasyonumuz her zaman diğer insanlar oldu ve öyle olmaya da devam edecek. İnsanoğlunun "modern insan" dediğimiz *Homo sapiens sapiens* adını almasını sağlayan ilk tarihî işaret, mağara duvarlarına 40-50 bin yıl önce yapılmış, amacı hâlâ belirsiz olan resimlerdir.

GÖRSEL 3: Fransa'da Chauvet mağarasında yaklaşık 30 bin yıl öncesine tarihlenen, son derece detaylı aslan ve mamut figürleri içeren mağara resimleri.

Bu açıdan insanın mazisi ilginçtir. 40-50 bin yıl önce insanoğlunun, diğer canlılardan ayrı -modern insan dediğimiz- bir canlı olarak arz-ı endam ettikten sonra bugüne bırakabildiği ilk iz -daha eski bir izi pek bilmiyoruz- mağara duvarına resim yapmaktır.

O devirlerde onca emek ve zahmetle mağara duvarına resim yapmak, biyolojik bir canlının bireysel olarak hayatta kalma motivasyonuyla kolayca açıklayamadığımız garip bir davranış biçimidir. Bugün de olduğu gibi muhtemelen o zaman da bu resimleri yapan insanların genel harekete geçirici ihtiyacı; yaptıkları işleri başkalarına göstermek, kendilerinden sonra gelecek insanlar tarafından da görülüp hatırlanmalarına vesile olabilecek bir şeyler bırakabilmek olsa gerektir. İnsan, öleceğinin bilincinde, bu kısacık hayatına sığmayacak zengin zihinsel dünyasının keşfiyle meşgul bir garip canlı olarak bunun gibi çok farklı faaliyetlerle karşımıza çıkar. Fakat birçok davranışımızın temel motivasyonu aynıdır: *Diğerleri.*

Yaşantımıza kuş bakışı bir göz atalım. Gündelik hayatımızda yaşadığımız sorunların çok büyük bir kısmı "diğer insanlarla" ilgili sorunlardır. Özellikle günümüzde, hayatta kalma meselesini büyük oranda halletmiş olan modern insan, şimdi daha ziyade ilişkisel ve varoluşsal sorunlara mâruz kalıyor gibi görünüyor. Bazen belki siz de "Şu insanlar olmasa bu dünya ne harika bir yer olurdu!" düşüncesine kapılmış olabilirsiniz. Evet, günlük problemlerimizin çoğu bizim dışımızdaki insanlardan kaynaklanıyor diye düşünürsek bu serzenişte haklılık payı var gibidir. Ama unutmamak lazım ki biz de o insanlardan birisiyiz ve genellikle o sorunların doğal bir parçasıyız. Yine unutmamak lazım ki ilişkilerimiz ister iyi ister kötü olsun, diğerleri olmadan yaşamanın da hiçbir anlamı olmazdı.

Katıldığım tüm programlarda elimden geldiğince dile getirdiğim bir gerçek var: "Bu dünyadan insanı yok ederseniz, geriye "cennet" kalır". Gerçekten de bu dünyadaki en büyük düzen bozucu, sisteme aykırı davranışlar üretebilen tek canlı biziz. Bütün tabiat, son derece uyumlu ve "optimum"[12] bir denge üzerine kurulmuştur. Bu dengeyi bozabilen tek varlık insandır. En son fabrika ayarımız olan "sınırları aşma" zorunluluğumuz, bizi böyle garip bir davranışa yeltenen bir canlı haline de getirebiliyor. Tarım, endüstri ve teknoloji ile aşırı besin, aşırı enerji, aşırı konfor üretebiliyor; aşırı üretimimiz ile bizzat kendi yaşamımızı tehdit eden bağımlılıklara ve zararlı alışkanlıklara düşebiliyoruz. Denge dışı bu tip faaliyetlerimiz bugün "insan faaliyeti" olarak niteleyebileceğimiz her şeyin alt yapısını ve temel motivasyonunu oluşturuyor.

Sınırları aşan, dengeleri bozabilen ve sağı solu belli olmayan insan gibi bir türün, diğer tüm canlılardan farklı bir özelliği de ortaya çıkıyor: İnsan, sınırlarını aşabilen tek canlı olarak rehberliğe ihtiyaç duyan tek canlı. Her bir insanın tek başına tabiattaki tüm süreçleri anlamaya, keşfetmeye, tüm teknolojileri tek başına geliştirip hayatta kalmaya çalıştığını düşünün. Bu imkânsız bir çaba olurdu. İşte o yüzden öncelikle diğer türdaşlarımızdan bolca reh-

12 Doğal sistemler, özellikle de canlıları içeren biyolojik sistemler; azamî (maksimum) ve asgarî (minimum) koşullardan uzak, en uyumlu, mutedil, ortalama koşullarda iş görebilir ve varlığını sürdürebilir. Zira azamî olan dağılmaya, asgarî olan da ölüme yol açar. Optimum kelimesinin tam bir Türkçe karşılığını bilmiyorum ama sanırım "mutedil" yani orta yollu, itidalli sözcüğü uygun bir karşılık olabilirdi.

berlik hizmeti alıyor ve onlara da yapabildiğimiz, bilebildiğimiz konularda rehberlik hizmeti veriyoruz. Mesela bu kitap aslında böyle bir amaca hizmet ediyor. Muhtemelen hiç tanımadığınız birisi (bendeniz), yıllardır yürüttüğü çalışmalarından, okumalarından, denemelerinden ve deneyimlerinden biriktirdiklerini, aylar boyunca oturup yazıya dökerek sizlere ulaştırmaya çalışıyor. Kendisi de başka birçok insandan sürekli bir şeyler öğreniyor.

Her birimiz tüm "diğer insanlara" muhtacız ve bu iş birliği olmasa bugüne kadar hayatta kalmamız düşünülemezdi bile. İşte milyonlarca yıldır devam eden olgunlaşma ve seçilim süreçlerimizde, biyolojimiz bizi böyle sımsıkı bağlayacak tedbirlerle donatılmış ve bizi çok ileri düzeyde sosyal olmak zorunda olan canlılara dönüştürmüş vaziyettedir. Yani dünyadaki tüm insanların yok olmasını isteyecek kadar sinirlenmiş olsak bile bir nefeslenip, aslında o kızdığımız insanların bile bizim için ne kadar önemli görevler îfâ etmekte olduklarını düşünmek, sanırım sinirimizi büyük ölçüde yatıştırabilir (en azından bende böyle bir etkisi oluyor).

Kötü ve olumsuz davranışlar gösteren, sosyal dokuyu bozmaktan başka işe yaramaz gözüken insanların da mı bize faydası var? Elbette var. Bu örnekler sayesinde "nispî" yani karşılaştırma yöntemi ile çalışan aklımız, doğru ve yanlışa dair değer yargıları geliştirebiliyor ve hangi durumda ne tip davranışlar sergileyip sergilemememiz gerektiğini de bu örnekler sayesinde öğrenebiliyoruz. Mesela "terbiyeyi terbiyesizden öğrendim" deyişini duymuşsunuzdur. Diğerlerinin olmadığı bir yerde böyle bir deneyim zenginliğinden bahsetmemiz mümkün olmazdı.

Kısacası, gereksiz insan yok. "Hiçbir insana rastlamadım ki onda öğrenilecek bir şey olmasın." diyen Alfred de Vigny, bu noktaya pek güzel parmak basıyor aslında.

SOSYAL SÜPER GÜÇ: ZİHİN OKUMA SİSTEMLERİ

Bu derece diğerlerine muhtaç ve onlarla birlik olmak zorunda olan bir türün bireyleri olarak, biyolojik anlamda da sayısız donanıma sahibiz. Fakat genellikle arka planda, bilincimizin dışında çalışan bu donanımsal özelliklerimizi çoğu zaman fark etmeyiz. Diğer insanlarla kurduğumuz iletişimin çok daha verimli olmasına imkân veren ve sosyal dokumuza doğrudan katkısı olan ileri düzey iletişim ve zihin okuma becerilerimiz bunların en önemlilerindendir.

Lisan: Bildiğimiz anlamda konuşabilme yetisi, bildiğimiz kadarıyla insana özgüdür. Ses ve sembolik bir dil kullanarak iletişim kurabilme, karmaşık mesajları etkin olarak iletebilme açısından lisan çok merkezî bir özelliktir. Lisanın var olabilmesi için çok gelişmiş bir beyin yapısına ve bu beyin merkezlerinin kullanımına uygun bedensel bölümlere de ihtiyaç vardır. Mesela ağız, dil, yutak, gırtlak, ses telleri ve diğer ilişkili yapıların konuşmaya uygun olması şarttır. Bu özellik o kadar önemlidir ki konuşma amaçlı olarak gırtlak bölgemizde milyonlarca yıl içinde gelişen uyarlanmalar, bugün bizi "boğaza bir şey kaçması sonucu boğularak ölme" açısından açık ara şampiyon bir canlı haline de getirir. Gırtlak yapımızın aşağıya doğru uzaması ve yutkunma işlevinin buna bağlı olarak zorlaşması, konuşma için ödediğimiz önemli bir bedeldir. Yeni doğan bebeklerde bu yapı tam olarak gelişmediğinden, ses çıkartma yetenekleri de erişkinlere göre daha sınırlıdır.

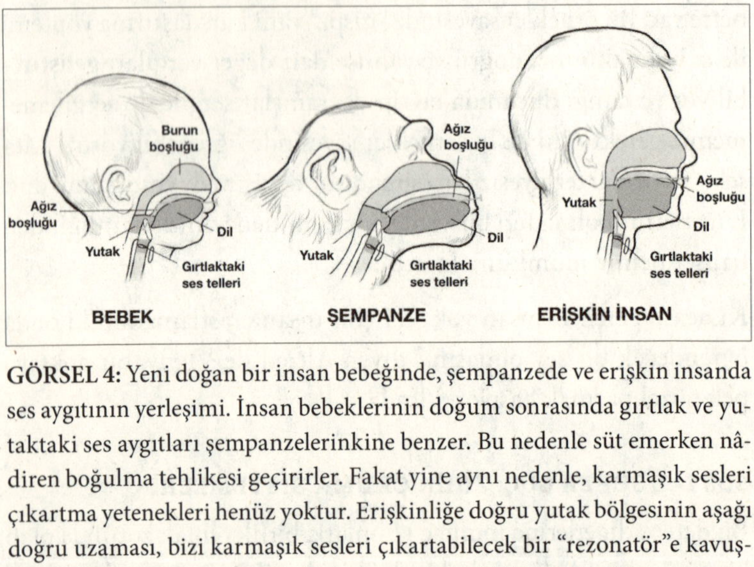

GÖRSEL 4: Yeni doğan bir insan bebeğinde, şempanzede ve erişkin insanda ses aygıtının yerleşimi. İnsan bebeklerinin doğum sonrasında gırtlak ve yutaktaki ses aygıtları şempanzelerinkine benzer. Bu nedenle süt emerken nâdiren boğulma tehlikesi geçirirler. Fakat yine aynı nedenle, karmaşık sesleri çıkartma yetenekleri henüz yoktur. Erişkinliğe doğru yutak bölgesinin aşağı doğru uzaması, bizi karmaşık sesleri çıkartabilecek bir "rezonatör"e kavuşturur. (Rezonatör: Titreşimlerle ses üreten aygıt.) Tabii bir şeyler içerken nefes borumuza bir şeyler kaçırma riskinin bir hayli artması karşılığında...

Biyolojide böyle riskli bir bedele rağmen bir özelliğin seçilmiş olduğunu görürsek, aklımıza hemen bunun o riski aşan bir avantaj sağlaması durumu gelir. Konuşabilmenin, karmaşık seslerle iletişim kurabilmenin insanoğluna sağladığı avantaj, birkaç kişinin boğulma riski yaşamasından çok daha önemli olmalıdır. Gerçekten de öyledir. Günlük yaşantımızda sözün önemini bir düşünün. Teşbihler, metaforlar, iğnelemeler gibi örtük anlamlarla süslü karmaşık lisanımız, yeryüzündeki yüzlerce farklı çeşidi ile insanoğlunun kültürünün temelini oluşturmuş durumdadır.

Bu kadar üstün bir yeteneğin bile elbette sınırları vardır. Özellikle kelimelere yüklenen anlamların kişiler arasında farklılık gösterebileceği[13], yerel ve kültürel etkilerle dilin dramatik oranda anlam kaymasına uğrayabileceği gibi gerçekleri göz önüne alınca, sözlü iletişimin sınırlılıkları hemen fark edilebilir hale gelir. Zira iletişimle ilgili temel bilgiler arasında sözlerin derdimizin ancak yüzde yirmisini anlatabildiğine dair bir giriş bilgisi de artık harcıâlem hale gelmiş durumdadır. İletişimin geri kalanı, farklı ve genellikle bilinç dışı mekanizmalar üzerinden gerçekleştirilir. Bu nedenle insanın karmaşık sosyal iletişimi için gereken başka unsurları da karşılayacak yeteneklerin gelişmesi elbette beklenen bir sonuç olacaktır. Bu yeteneklerimizi çoğu zaman fark etmediğimizi söylemiştim. Fakat bunlarla ilgili geliştirilecek temel düzeyde bir farkındalık, iletişim sorunlarımızla ilgili büyük olumlu gelişmelere kapı açabilir. Çünkü bunlar, iletişim açısından fabrika ayarlarımızın en önemli parçalarıdır.

Zihin Teorisi: İnsanlar yine neredeyse diğer tüm canlılardan farklı olarak karşılarındaki insanların (ve hatta hayvanların) zihinlerinde nasıl bir işleyiş olduğuna dair çıkarımlar yapma yeteneğine sahiptirler. Buna "zihin teorisi" deniyor. Zira karşıdaki kişinin düşünce ve duygularını doğrudan okumaktan ziyade, bize tamamen kapalı bir kutu gibi çalışan bir başka zihnin içinde olan bitenleri, bedene ve dışarıya yansıyan işaretlerden tahmin etmeye

---

13 Kelimelerin temel tanımlarının olmaması veya tanımların kişilere göre farklı anlamlara gelmesinden kaynaklanan toplumsal söz yitiminin etkileri konusunda daha detaylı bilgi için *Kimsenin Bilemeyeceği Şeyler* başlıklı kitabımda ilgili bölümü okumak isteyebilirsiniz.

çalışıyoruz. Bu tahmin işlemi genellikle isteyerek olmuyor; büyük oranda bilinçsiz ve otomatik olarak yaptığımız bir şey bu. Hatta bu yetenek çoğu zaman amacının çok dışında yerlerde de kendini gösterebiliyor. Mesela birkaç yıl evvel bir Japon motosiklet markasının yeni tasarımlarından birisi hakkında bir arkadaşım "çok saldırgan bir tasarıma sahip" demişti. Ne demek istediğini açmasını istediğimde, bana motosikletin önden çekilmiş bir fotoğrafını gösterdi. O anda gerçekten ben de motosikletin "bana kızgınmış gibi baktığını" hissetmekten kendimi alamamıştım. Yıllar sonra ben de böyle "agresif tasarımlı" bir cihaz kullanmaya başladım ve trafikte oldukça işime yaradı. Çünkü daha "sevimli" tasarımlı olanlara göre otomobil kullananlar benim motosikletime daha kolay yol veriyorlardı!

Zihin teorisi doğar doğmaz öyle bir anda veya hepimizde aynı zamanda gelişmiyor. Her birimiz ilk bebeklik dönemimizden onlu yaşlarımıza kadar bu yeteneği belli aşamalarla geliştiriyoruz. Bu aşamalar kabaca şu sırayla gerçekleşiyor:[14]

1. İnsanların diğer insanlardan (mesela bizden) farklı şeyler isteyebileceklerine yahut arzulayabileceklerine dair bir anlayış geliştirmek.
2. İnsanların aynı nesne yahut durumlarla ilgili farklı zihinsel kabulleri ve inançları olabileceğini fark etmek.
3. İnsanların bazen bir şeylerin doğru olabileceğine dair bilgilerinin olmayabileceğini yahut durumu kavrayamayabileceklerini idrak etmek.
4. İnsanların dünyayla ilgili hatalı veya yanlış inançlar taşıyor olabileceklerini fark etmek.
5. İnsanların saklı duygularının olabileceğini; davranışları ile duygularının mutlaka uyumlu olması gerekmediğini anlamak.

Bu aşamalar üzerinden gelişen zihin teorisi yeteneği belli bir yaşa bağlı değildir ve hayatın her döneminde de sabit olarak devam et-

---

14 Henry M. Wellman Fuxi Fang Candida C. Peterson (2011) Sequential Progressions in a Theory-of-Mind Scale: Longitudinal Perspectives. Child Development 82:3; https://doi.org/10.1111/j.1467-8624.2011.01583.x

mez. Özellikle çocuklarda belli durumlarda zihin teorisi yeteneği isabetle çalışırken bazı başka durumlarda (mesela baskı ve stres altında) son derece kötü ve isabetsiz sonuçlar verebilir. Ayrıca bu yeteneğin geç erişkinlik dönemlerinde de gelişmeye devam edebileceğine dair kanıtlar mevcuttur.[15]

Zihin teorisi, tarafsız ve objektif bir yetenek değildir. Karşıdakilerin zihinsel durumlarına dair çıkarımlarımız; bizim kendi zihinsel ve duygusal kodlarımızdan, ön kabullerimizden fazlaca etkilenir. Mesela şu ünlü hikâyeyi muhtemelen bilirsiniz:

> *Çinli bir köylü baltasını kaybetmiş. Komşusunun oğlundan şüphelenmiş çünkü çocuk bir hırsız gibi konuşuyor, yürüyor ve davranıyormuş. Ertesi gün tarladaki âletlerin arasında baltasını bulmuş. Sonra çocuğu yine görmüş. Aslında o da bütün diğer çocuklar gibi konuşuyor, yürüyor ve davranıyormuş.*

Bu basit ve etkili hikâyenin çokça ilgi çekmesinin temel nedeni benzer durumları hepimizin yaşamış olmamızdır. Günümüzün kalabalık ve karmaşık sosyal yapısı içerisinde, uzak atalarımızın işlerine yarayan yetenekleri isabetli bir biçimde kullanabildikleri şartların çok uzağındayız. Değerlendirmemiz gereken çok fazla etkileşim, özellikle internet üzerinden ilişkiye geçtiğimiz çok sayıda insan var. Bugün sıradan bir gencin -internet de dahil olmak üzere- hayatı içinde kurduğu etkileşimlerin miktarı, sıradan bir zihin için ciddi bir yük oluşturuyor. Bu kadar yükün üstesinden gelmenin en iyi yolu da zihin ekonomisine çok yardımcı olan "etiketleme ve önyargı sistemi"ni kullanmak.

Önyargılar, zihinsel enerjiyi en az düzeyde kullanmamıza yardım ederek, bu enerjiyi (eğer varsa) daha önemli ve yaşamsal işlere yönlendirmemizi sağlar. Mesela bir botanikçi değilseniz tabiattaki bitkileri "bu yenir, bu yenmez" gibi sınıflandırıp geçmek hayatınızı bir hayli kolaylaştırır. Zira milyonlarca çeşit bitkinin hepsine ayrı bir dikkat gösterecek bilişsel kaynağınız yoktur. Bir botanikçi ise o bitkilere çok farklı bir sınıflandırma düzeyinde ve

---

15 Iroise Dumontheil Ian A. Apperly Sarah-Jayne Blakemore (2010) Online usage of theory of mind continues to develop in late adolescence. Developmental Science, 13:2; https://doi.org/10.1111/j.1467-7687.2009.00888.x

çok daha fazla zihinsel enerji harcayarak bakmak durumundadır. Fakat aynı botanikçi, sözgelimi siyasî tercihler söz konusu olduğunda son derece câhil ve kalıpçı olabilir. Çünkü oradan tasarruf ettiği enerjiyi başka bir tarafta, botanik araştırmalarında kullanmaktadır.

Günümüz insanının bilinç dışı tercihi de benzer bir yönde gibi görünüyor. Bu kadar karmaşık sosyal etkileşimlerde herkesin zihnini doğru bir şekilde anlamayı sağlayacak dikkat ve zihinsel enerjiyi bulmak imkânsız olduğundan; önyargılar, kalıp düşünceler, yaftalamalar ve anlaşmazlıklar derinleşerek devam ediyor. Zihin teorisi yeteneğimizi sadece kullanmamaktan değil; kullanmadığımız için gelişememesi ve zamanla ciddi biçimde körelmesi gibi olumsuz bir durumdan da muztaribiz. Çaresi açık ve nettir: Fabrika ayarlarımız uyarınca, gerçek ve sınırlı sayıdaki ilişkilerimizi önemle ön plana alarak, enerjinin ve zamanın büyük kısmını bunlara ayırmak gerek.

Beden Dili: Telefonda sizi hiç görmemekte olan insanlara bir şeyler tarif ederken elinizi kolunuzu istemsiz olarak, sanki onlar görüyormuş gibi hareket ettirdiğinizi fark etmişsinizdir. Dışarıdan bakınca oldukça tuhaf görünen bu durum, iletişimde beden hareketlerinin önemine ve bunun ayarlarımıza nasıl işlenmiş olduğuna dair günlük bir örnektir. İnsanlar konuşurken az veya çok olsun muhakkak el, kol, baş ve beden hareketlerine başvururlar. Beynimizde konuşmayla ilgili alanlarla el ve kol hareketlerimizi kontrol eden bölgelere baktığımızda da aralarında sıkı bir ilişki bulunduğunu görürüz. Beynin ön kısımlarında bu bölgeler oldukça bitişik durumdadır ve evrimsel olarak birlikte geliştiklerine dair elimizde kuvvetli kanıtlar var.

Muhtemelen uzak atalarımız henüz sözleri keşfetmeden önce beden hareketleriyle oldukça detaylı biçimde iletişim kurabiliyorlardı. Bugün bu iletişimin "işaret dili" versiyonlarını da kullanıyoruz. Önce işaret diliyle iletişim kuran insanlar, daha sonra ses dizilerinden diller geliştirerek sözlü iletişime geçmiş gibi görünüyorlar. Homo cinsinden itibaren büyük oranda serbest kalan eller ve gözler, iletişimde muhtemelen en önemli ipuçlarını oluşturuyordu.

İnsanların elleri oldukça marifetli ve çok geniş aralıkta hareketleri gerçekleştirebilecek kadar işlevseldir. Bu işlevler arasında elleri her yöne çevirebilme, parmakla işaret etme, "gel" veya "git" anlamına gelen hareketleri yapma gibi kültürden kültüre değişiklik gösteren birçok el hareketi, farklı mesajların iletilmesi için rahatlıkla kullanılabilmekte. Bir kediye, köpeğe yahut ineğe işaret parmağınızla bir yeri işaret ettiğinizde, tüm hayvanlar işaret ettiğiniz yere değil parmağınıza bakacaktır. Zira böyle bir işaretin amacını ancak insanlar anlayabilir. Farklı kültürlerde zıt anlamlar taşıyabilse de ellerle yapılan bu sinyalleşme, iletişimin en önemli parçalarından birisini oluşturur.[16] Mâlumunuz, ellerimizin duruş ve hareket döngüleri aynı zamanda "ruh durumumuz" hakkında da işaretler verir. Yumruk yapılmış ve tek parmakla karşıyı işaret eden ellerin tehditkâr; açık ve ileri uzanmış parmakların ise davetkâr mesajlar verdiğini biliriz. Ama bu marifet sadece ellerimizle de sınırlı değildir. Yüz kaslarımız diğer tüm primatlarınkinden daha gelişmiştir ve oynak çene eklemlerimizle birlikte birçok incelikli yüz ifadesiyle iletişimimizi kuvvetlendirmemize imkân verir. Göz ve ağız etrafındaki kaslar, özellikle olumlu ve olumsuz duygulanımlarımızı yansıtmak açısından çok marifetli hareketler sergileyebilmemizi sağlarlar.

Beden dilinin önemli bileşenlerinden birisi de gözlerimizdir. İnsan gözlerinin diğerlerinden en önemli farkı, sklera da denen gözün beyaz renkli kısmının (yani göz akının) dışarıdan açıkça görünür olması sayesinde, gözlerimizin nereye baktığının rahatlıkla fark edilebilmesidir. İnsanın bakışlarını yönlendirdiği yerin ne kadar etkili olduğunu anlamak isterseniz farklı insanların bulunduğu bir ortamda hiç konuşmadan gözünüzü bir noktaya çevirip bir süre dikkatle bakın. Kısa bir süre içinde oradaki hemen herkesin sizin baktığınız yöne en azından birkaç saniye dönüp bakmak zorunda kaldığını fark edeceksiniz.

---

16 Bu noktaya ufak bir not ekleyelim: Eğer işaret dili öğrenirseniz ve bunda biraz da ustalaşırsanız, beyninizin karşıdakinin beden hareketlerini algılamakla ilgili merkezleri de farklı çalışmaya başlıyor ve işaret dili bilmeyenlere göre karşınızdaki kişinin bedensel hareketlerini çok daha farklı şekillerde okuyabilmeye başlıyorsunuz. Denemeye değer! [Kaynak: PNAS 2015: 112 (37)]

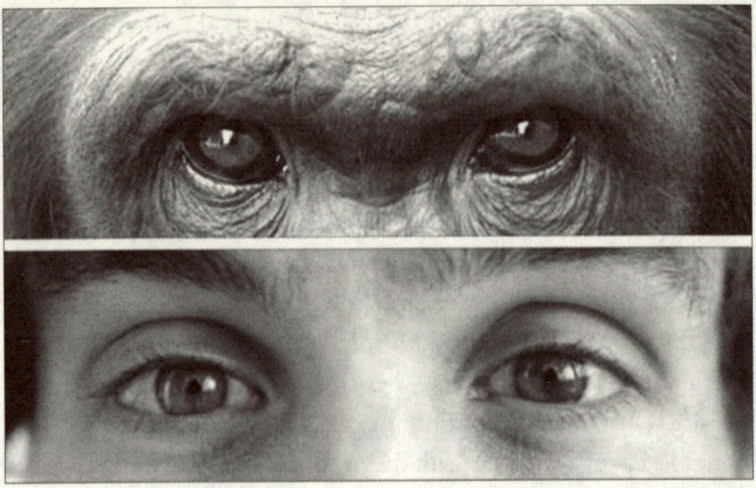

GÖRSEL 5: Göz aklarımız, toplumsal iletişim açısından çok önemlidir. Maymunlardan farklı olarak bizim göz aklarımız dışarıdan net bir biçimde gözüktüğü için, nereye baktığımız hemen belli olur. Bu sayede birçok duygumuzu karşı tarafa iletiriz. Bu duruma biyolojide "iş birlikçi (cooperative) göz hipotezi" adı verilir.

Birbirimizin göz hareketlerini takip etmek evrimsel olarak oldukça kuvvetli bir dürtü şeklinde yerleşmiş durumda. Bu sayede muhtemelen milyonlarca yıldır sessizce iletişim kurup hayatta kalmanın yollarını birlikte keşfedebiliyoruz. Bu dürtü o kadar kuvvetlidir ki dikkatimizi çoğu zaman başkalarının gözlerinden alamayız. "Gözler kalbin aynasıdır." gibi deyişler, gözlerden ne kadar derinlikli bilgiler derleyebileceğimizin de işaretlerini taşırlar. Gözlerin yukarı hareketi genellikle düşünme ve hatırlama eylemlerine işaret ederken; aşağı bakış ise üzüntü, itaat ve güçsüzlük hissi gibi mesajlar taşıyabilir.

Bu hareketlerin kombinasyonları da farklı mesajların iletilmesini sağlar. Mesela siz bir şeyler anlatırken karşınızda gözlerini geriye doğru "deviren" birisi, sizi aniden sinirlendirebilir. Zira bu basit görünen ama nörolojik arka planı oldukça karmaşık olan devirme hareketi; sıkılma, küçümseme, göz ardı etme gibi birçok karmaşık mesajı başarıyla iletebilir.

Göz teması, iletişimin temel unsurlarından birisi iken, göz temasının olmaması karşıdaki kişiyi dikkate almama ve göz ardı etme anlamları taşıyabilir. Özellikle eğitimde ve çocuklarla iletişimde sıklıkla unuttuğumuz bir ihtiyaçtır bu. Bir çocukla konuşurken onunla göz hizasına gelip gözlerinin içine bakarak iletişim kurmak çok şey değiştirir. Deneyip görebilirsiniz.

Gözlerini dikip bir başka insana bakmak, eğer bu kişi tanımadığınız biriyse çok rahatsız edici bir etki yaratır. Çünkü doğal ortamda gözleri dikip bakmak, özellikle aynı cinsiyetler arasında, saldırganlık ve meydan okuma anlamını taşır. Alanlarını ve eşlerini müdafaa etmek isteyen alfa erkek ve dişiler bu yönteme tabiatta sıklıkla başvurur. Öte yandan, karşı cinsten yeni tanıştığınız birisiyle birkaç dakika göz göze muhabbet ederseniz ona karşı olumlu duygular hissetmeye başlamanız neredeyse kaçınılmazdır. Çünkü saldırganlık amacı taşımayan ve anlamaya yönelik göz göze bakışmalar, beyinden oksitosin hormonu salgısının artmasına sebep olarak hem yabancılık stresini yatıştırır hem de karşıdaki kişiye bağlılık hissinin artmasını sağlar. Burada da yine karşımızda milyonlarca yıl boyunca incelikle işlenmiş bir biyolojik sigorta mekanizması vardır ve sistem bize kısaca şunu söyler: Herhangi bir saldırı olmadan birisiyle uzun süre göz göze bakabiliyorsanız o kişiye bağlanın; bu sizin hayrınıza olacaktır.

Beden dilinin bir başka parçası olarak kabul edebileceğimiz ses tonu da çok önemli bir iletişim unsurudur. Mâlum, konuşma ve diksiyon kurslarının önemli bir bölümü bu özelliğin kontrolünü öğretmeye çalışır. Sesimiz, duygusal durumumuzu yansıtan birçok açık veya gizli ipucu barındırır. Öncelikle hiç kimseye benzemeyen, parmak izimiz gibi bize has olan ses frekans aralıklarımız, bizi tanımlayıcı en önemli unsurların başında gelir. Ayrıca sesimizi çıkartabilmemizi sağlayan tüm sistemler solunum sistemimizin bir parçası olduğundan ve solunum sistemimiz de doğrudan beynimizin duygusal tepkiler üretmekle sorumlu bölümleri ile bağlantılı çalıştığından, duygusal durumumuza dair her türlü değişiklik önce nefes döngümüze, sonra da sesimize yansır. Bu örtük işaretleri kontrol etmeyi öğrenmek elbette mümkündür ama uzun bir eğitim süreci gerektirir. Böyle özel bir eğitim yoksa sesimizin tonundaki değişiklikler karşımızdaki insanlara bizim hakkımızda bazen hiç de vermek istemeyeceğimiz mesajları ulaştırabilir.

Sinirlendiğimizde ve öfkelendiğimizde sesimizde meydana gelen tizleşme ve yükselme, üzgün yahut kırgın olduğumuzdaki ses şiddeti düşüşleri gibi değişiklikler hep karşı tarafa bir mesajlar dizisi taşır. Günümüzde sıklıkla kullandığımız dijital kanallardan yahut telefonlar üzerinden gerçekleşen sesli iletişimde, ses tonumuzun çok büyük bir kısmı hatlardaki dijital dönüşüm ve iletim sistemleri nedeniyle kaybedilir. Buna rağmen karşınızdakinin ses tonundan (özellikle de kadınsanız) duygu durumunu hemen fark etmeniz çok kolaydır. Bu ilginç uzmanlığımız, sesle iletişimin ne kadar önemli olduğunu gösteren örneklerden birisi. Yazışarak ifade edemediğiniz birçok duygunuzu, bizzat sesinizi kullanarak çok rahatlıkla ifade edebilmeniz de bundandır. Modern çağ ile hemen her türlü iletişimin yazılı yahut "emoji" tabanlı olmaya başladığı günümüzde, bu incelikli ayarlarımızdan da gittikçe daha az istifade etmeye başladık. Bunun günlük sonuçları ise sürekli olarak "aslında ben öyle demek istemedim" serzenişleriyle dolu iletişim kazaları ile karşımıza çıkıyor.

Ayna Nöron Sistemi: Beynimizin en gelişkin özelliklerinden birisi, ayna nöron sistemi olarak bilinen karmaşık sinirsel şebekeler topluluğudur. Daha evvel de kısaca bahsettiğimiz ve doğumumuzdan itibaren aktif olarak çalışan bu sistem, hem diğer insanların davranışlarını kopyalayarak dil de dahil olmak üzere tüm hareket sistemimizi eğitebilmemizi hem de diğer insanların duygularını belli derecelerde okuyabilmemizi sağlar.

Elbette böyle bir okuma konusunda hepimiz aynı derecede gelişmiş değiliz. Yaşam deneyimlerimize ve bu sistemi ne kadar kullandığımıza göre değişik ölçülerde bu yetenekten nasiplenebiliyoruz. Özellikle çocukluk dönemlerimizde başkalarıyla yakın sohbet ve oyun ilişkileri geliştirip bolca duygusal paylaşımlar yapma şansımız olduysa, bu sistemin ileri düzeyde gelişeceğini söylemek mümkündür.

Ayna nöron sistemine atfedilen "duygu okuma" sisteminin çalışma esaslarına baktığımızda özet olarak şöyle bir manzara çıkar karşımıza: Duygusal sistemimiz beynimizden yönetilir ve bilişsel değerlendirmelerimiz neticesinde algıladığımız duyusal deneyimlerimize "duygusal" etiketler takılır. Mesela "şiddet" kelimesini gözleriniz ve beyniniz aracılığıyla okuduğunuzda, beyninizdeki duygusal sistem bu kelimenin "duygusal" anlamını da harekete geçirerek bedeninize düşük düzeyde olumsuz sinyaller gönderir. Bu sinyaller, şiddet kelimesine karşılık gelen yaşamsal anılardan kaynaklanır. Duygusal sistemimizin temel görevi bu duyguları hemen tanıyıp uygun yerlerde devreye sokarak hayatta kalmamızı desteklemektir. Bundan dolayı sadece kelime olarak şiddet yazısını okumak bile şiddete dair kişisel duygu tepkilerinin kısmen açığa çıkmasına neden olabilir. Bu tip duygusal tepkiler çoğunlukla bilincimizin erişim alanı dışındadır. Otomatik olarak gerçekleşirler ve biz bunlardan ancak "bedenimize" yansıyan sinyaller aracılığıyla haberdar oluruz. Kalbimizin çarpması, ellerin terlemesi, genel bir heyecan yahut sevinç duygusu gibi tepkiler, bedenimizde hissettiğimiz şeylerdir.

Duyguların beden hareketlerine de yansıyan irili ufaklı birçok etkisi vardır. Mesela kaşlarımız hafifçe kalkabilir, göz bebeklerimiz genişleyebilir, ten rengimiz (kan dolaşımındaki değişikliklere bağlı olarak) kızarabilir yahut biraz daha beyazlayabilir. Bu tip tepkiler genellikle çok belirsizdir. Fakat (eğer onlara dikkat edebiliyorsak) kendi duygularımızı fark edebilmemiz için oldukça yeterlidirler.

Karşımızdaki insanlarda meydana gelen bu tip bedensel tepkiler için de ayna nöron sistemimiz adeta bir dedektör gibi çalışarak bu belirsiz işaretleri alır ve "yükselterek" bizde de benzer duyguların oluşmasını tetikler. Bu bulaşıcı duygu tepkileri, esnemenin bulaşıcı olması gibi birçok duyguyu da bulaşıcı hale getirebilir (neden kalabalık konserlerde daha çok eğlendiğimize dair açıklamalardan birisi pekâlâ bu olabilir mesela).

Sonuçta eğer biz kendi duygularımızı okuma konusunda belirli bir düzeyde uzmanlık geliştirmişsek, karşımızda iletişim içinde olduğumuz insanların da ruh hallerini kendi bedenimiz üzerinden okuyabilme yeteneğini otomatik olarak geliştirebiliyoruz. Bu konuya bir sonraki bölümümüz olan stres yönetimi konusunda daha detaylı olarak gireceğiz.

SÜPER ORGANİZMADAN BİREYSELLİĞE

Buraya kadar diğer insanlarla bağ kurma konusundaki biyolojik ayarlarımıza hızla göz gezdirdik. Bu satırların kaleme alındığı zaman diliminde yani 21. yüzyılın ilk yirmi yılı biterken, insan medeniyetinin geldiği seviye, bizi bu temel yaşamsal ayarlarımıza oldukça tezat ortamlarda yaşamaya zorlayabiliyor. Tâbir yerindeyse tam bir bireyselleşme çağı içindeyiz. İmkânlarımız yerindeyse, tek bir insan görmeden her işimizi halledip hayatta kalınabilecek bir kolaylıklar ağı içinde yaşıyoruz. Beslenmek, öğrenmek, kişisel bakım yahut yol göstericilik gibi konularda başka insanlara olan fiziksel bağlılığımız hızla azalıyor. İnternette milyarlarca insana bir tık uzaklıktayız. Sanal ortamdaki iletişimde müthiş bir kontrol yanılgısı yaşıyoruz: İstediğimiz zaman iletişimi başlatıyor, istediğimiz zaman sonlandırabiliyoruz yahut öyle zannediyoruz... İnternet arama motorları sayesinde tüm bilgiler elimizin ucunda, hiçbir şeyi hafızamızda tutmamıza gerek kalmayacak zamanlara doğru hızla yaklaşıyoruz. Anlık çeviri uygulamaları o kadar gelişti ki herhangi bir ülkede oranın diliyle hayatımızı rahatlıkla sürdürmemizi sağlayacak sayısız dijital yardımcıya sahibiz. Görünen o ki artık pek kimseye ihtiyacımız yok. Yahut bize öyle geliyor...

İnsanlar, özellikle yerleşik hayata geçip medeniyetler inşa etmeye başladıklarından beri dev bir süper organizma gibi davrandılar. Ortak hedeflerde birleşip, dünyayı bambaşka bir yere dönüştürdüler. Büyüklüğü ne olursa olsun, aileden milletlere kadar tüm boyutlarda birbirinden farklı ve dinamik organizasyonlar oluşturdular. Bu sayede hep birlikte ve ancak birbirimize destek olarak hayatta kaldık.

Günümüzün şehirli insanında ise bunun tam tersi bir algı yerleşmeye başlıyor. Elbette internet üzerinden ve başka vesilelerle ilişkiye geçtiğimiz insanların "gerçek insanlar" olduklarını ve onlara "ihtiyacımız olduğunu" bilişsel düzeyde biliyoruz. Fakat bilinç dışı düzeyde kendimizi ve diğer insanları çok farklı algılamaya başladığımız, yalnızlaştığımız, milyonlarca senelik ayarlarımıza uyumsuz bir sosyal ortam içine giderek daha fazla gömüldüğümüz bir zamandayız. O nedenle bu sıralar, çok geç olmadan fabrika ayarlarımızın ne olduğunu hatırlamak gittikçe daha önemli bir mesele haline geliyor. Özellikle diğer insanlarla duygusal paylaşımlarımızın eksik olması, kişisel hayatımızda onulması güç yaralar açabiliyor.

Artık yakın çevremizden ziyade uzak veya küresel meseleler gündemimizi daha çok işgal edebiliyor. Gözümüz ya döviz fiyatlarında yahut iklim değişikliklerinde. Milyarlarca insanla aynı şebekeye bağlı bireyler olarak çok daha farklı bir süper organizmanın hücreleri gibiyiz. Fakat davranışlarımızı kontrol eden temel evrimsel ayar ve ihtiyaçlarımızı iyi anlamazsak, gayet kolaylıkla kontrol edilen bir sürü olarak trilyonluk dünya şirketlerinin bayıldığı tüketicilere dönüşmemiz işten bile değil. Özellikle de "sorumluluk sahibi" insanlar olarak davrandığımızı zannettiğimiz, "duyarlılık" gösterdiğimizi sandığımız zamanlarda... Dün de tek başına olamıyorduk, bugün de öyleyiz. Ama bugünün birliktelikleri daha önce hiç karşılaşmadığımız bazı garip özelliklere sahip.

DİJİTAL DÜNYADA SOSYAL BEYİN

Mümkün olan her şeyin dijitalleştiği bir zamandan geçiyoruz. İletişim ve sosyal örgümüzün de büyük kısmı şimdiden dijitalleşmiş vaziyette. Artık her türlü veri sayısal halde ve istediğimiz zaman istediğimiz yerde ulaşılabilecek şekilde bir yerlerde depolanıyor. Artık bellekler elimizdeki cihaz ve sürücülerle de sınırlı değil; "bulut" denen teknolojiler sayesinde dünyayı bağlayan veri ağları üzerinde tüm bilgilerimiz kayıtlı hale gelmeye başladı. Artık aşklarımız, tatillerimiz, doğum günlerimiz, resmî yazışmalarımız, anılarımız ve her bir deneyimimiz dijital sunuculara kopyalanıyor. Tek tıkla onlara her an ulaşabilmenin, istediğimizde bir tek tuşla onları birileri ile paylaşabilmenin "tadını" çıkarıyoruz.

Bundan sonra bir yerlere gezmeye gittiğinizde insanların yeni gördükleri şeylere nasıl tepki verdiklerine bakın. Bundan 10-15 yıl önce ancak tek tük görebildiğimiz bazı davranışlar bugün neredeyse âdet haline geliyor. Güzel bir manzara, farklı bir sofra, enteresan bir deneyim, ne çıkarsa çıksın; insanlar ceplerindeki cihazlarla fotoğraf yahut video çekmeye hatta doğrudan "dünyayla canlı yayın paylaşımı"na girişiyorlar. O anda orada bir yayıncılık ve muhabirlik faaliyeti ile o derece meşguller ki önlerinde olan biteni deneyimlemeye, o anıyı biyolojik hatıralarında depolamaya fırsatları olmuyor.

İnsan belleğinin zamana ihtiyaç duyduğunu biliyoruz. Bir şeyi bir kez görüverince kaydetmiyoruz zira o cebimizdeki dijital fotoğraf makineleri yahut ses kayıt cihazları gibi çalışmıyor sistemimiz. O güzel manzaranın karşısında, o güzelim sofrada, o değişik deneyimle karşılaştığımızda dikkatimizi oraya vermek, bizde uyandırdığı duyguların tadını çıkarmak, belki yanımızdakilerle birlikte o deneyimin onların algılarına takılan farklı detaylarıyla zenginleşmek ve bir miktar o deneyimle zaman geçirmek gerekiyor. Ancak bu sayede o anı zihnimizde hakkıyla bir yer tutabiliyor. Bunun yerine artık çoğumuz anılarımızı "dijital" belleklere görüntü, video veya "check-in" şeklinde kaydetmeyi tercih ediyoruz. Zira zaman dar ve gezilip görülecek çok yer, tadılacak çok yemek var. Hem bunları birilerinin de bilmesi, şahit olması lazım; değil mi? O yüzden kendimizden geçmişçesine, global bir haber ajansının muhabiri gibi görsel malzeme toplayıp duruyoruz. Ve bu bize uzun vâdede hiç de iyi gelmiyor.

Beynimiz ve zihnimiz bu yoğun depolama faaliyeti için elbette yeterli değil. Çünkü varlık nedenleri bambaşka bir şey. Bazen bir manzaranın karşısında 10-15 dakika hayretle dalıp gitmek, oradan nice duygu ve düşünceler devşirmek (eski dilde "tefekkür" ve "tezekkür"), bizim sistemimizin yapısına çok daha uygun bir deneyim tarzı. Ama modern zamanlar buna izin vermiyor zira o kadar vaktimiz artık pek yok.

MEKTUP HASRETİ

Odamda eski bir ayakkabı kutum var. İçi, arada bir açıp eski günleri yâd ettiğim malzemelerle dolu. İlk kullandığım gözlükten, lisedeki hatıra defterime; rahmetli dedemin yıllarca kullandığı, şu içine jilet takılan tıraş bıçağından, ilk sevgilimin hediye ettiği parfümün boş şişesine kadar birçok anı parçası saklı içinde. Ama bu malzemelerin en özel olanları, muhtelif zamanlarda yazılmış, özenle zarflara konmuş ve şimdiki gençlerin pek az bildiği; PTT üzerinden postaya verilerek bana ulaşmış mektuplar. Sevgilimden, nişanlıma; eşimden, arkadaşlarıma; anne babamdan, aynı grupta çaldığımız rockçı arkadaşlara; asker arkadaşımdan, bazı hocalara yazdığım mektuplara gelen cevaplara kadar bir sürü mektup... Hepsi el yazısı ile yazılmış; kiminin zarfında minik süslemeler, kiminin içinde yazarının sözlerle yetinemediği için çiziktirdiği resimler, kiminde sararmış ve rengi kaçmış fotoğraflar ve daha neler neler... O mektupları yazanların bir kısmını o zamandan beri hiç görmedim. O mektuplara ilham kaynağı olan aşklar geldi geçti... Kimi mektubun yazarı artık bu dünyada değil. Bazısının kim olduğunu bile hatırlamakta zorlanıyorum. Ama onlar, geçip giden zamanın, kişisel tarihimin kanlı canlı ve gerçek kanıtları olarak benim için çok ama çok kıymetliler.

Artık neredeyse tüm iletişimimiz elektronik ortamlara emanet halde. Aşklarımızı anlık mesajlaşma programlarında yaşıyor, hâl hatır sorma işini sosyal ağlarda hallediyoruz. Kısacık metinlere yerleştirdiğimiz birkaç duygu simgesi (emoticon) ve bölük pörçük, alelacele yazılmış mesajlarla "iletişim" kuruyoruz. Çoğu zaman maksat hâsıl oluyor. Buluşacağımız yerlere karar verip neler düşündüğümüzü karşımızdaki insana aktarıyoruz. Fakat bu metinler, o duygu simgeleri, o duygu yüklü anların söze dökülmüş ürünleri dijital âlemde kaybolup gidiyor. Geriye hemen hiçbir iz bırakmadan hem de...

Sadece yazılanlar değil görsel olarak kaydedilenler de, yani fotoğraflar da bu garip tempodan nasibini alıyor. Dikkat edin, her birimizin elinde en son teknoloji dijital fotoğraf makineleri var. Her fırsatta gördüklerimizi fotoğraflamaya bayılıyoruz. Çektiğimiz her fotoğrafı en az iki, üç kopya çekmek de alışkanlık oldu neredeyse. Bir tane ile de yetinemiyoruz. Ne de olsa dijital fotoğraf, değil mi? Masrafı yok ki, çekelim gitsin, garanti olsun, kazara gözü kapalı ya da ağzı açık kimse kalmasın karelerde. Fakat gelin görün ki o fotoğraflar artık hep taşınabilir cihazlarımızda yahut en şanslı olanları bilgisayarlarımızın sabit sürücülerinde. Evlerimizde gerçek basılı fotoğraflardan oluşan albümler artık neredeyse yok. Yıllar boyunca yaşadığımız binlerce anının görsel kanıtlarını artık cebimizdeki minicik cihazlarda taşıyabilirken ne gerek var o hantal ve kocaman albümlerde biriktirmeye? Hem kâğıttan da tasarruf ediyoruz, değil mi?

Değil.

Dijital fotoğraflar, yazılar, dokümanlar aslında "yok"tur. Bunlar bilgisayar ortamındaki dijital kodlardan ibarettirler. Kuvvetli bir manyetik alan, farklı formatlarla çalışan görüntüleyiciler yahut bir gün olası bir dijital felâket sonucunda elinizde hiçbir şey kalmaz. Ve dijital felâketler sanıldığından çok daha sık olur. Kaç kez "sabit sürücünüz bir anda bozuluverdi?" Kaç kez "özenle arşivlediğiniz fotoğraf veya belgelerinizi nedensiz yere kaybettiniz?" Her biri bambaşka anıların ürünleri olan; farklı yerleri, farklı duyguları, farklı renkleri yansıtan o "kanıtlar" artık tek tip dijital kodlar halinde cihazların içinde saklanıyorlar. Biz de onların "var olduğunu", "elimizde olduklarını" ve "istediğimiz zaman ulaşabileceğimizi" düşünüyor ve bunu yeterli görüyoruz. Sözgelimi bir 20 yıl sonra, o paha biçilmez anılarınıza ne olacak hiç düşündünüz mü? Fakat aynı fotoğraftan 30 tane çekmeye, aklınıza her gelen yerde özensiz ve otomatik bir şekilde deklanşör düğmelerine basmaya devam ettikçe anılar daha bir değersizleşecek. Onları basılı ve gerçek belgelere dönüştürme isteğiniz gittikçe daha çok azalacak...

Bir keresinde bir toplantıda bunlardan bahsederken, genç bir arkadaşım "Eh Hocam, mesela yangın çıkınca mektuplar ve basılı fotoğraflar da gidiyor? Sanki onlar kalıcı mı?" diye sormuş ve bu nostaljik çıkışımı anlamsız bulduğunu belirtmişti. Haklı elbette; onlar da kalıcı değil. Ama zaten bu geçici dünyada ne kalıcı ki? Yangın veya bir başka felâket durumunda her şeyimiz, canımız bile tehlikededir. Bahsettiğim dijital kazalarda ise olan sadece verilerinize, anılarınıza, fotoğraflarınıza olur. Ayrıca onlar artık size özel değildir. Kopyalanır, tüm internete yayılır, kamu malı olur. Ömrünüz boyunca sevgiyle hatırlayacağınız anılarınız artık sadece görsel ve işitsel bazı ipuçları taşıyan sayısal dosyalardan ibarettir. Az önce kutumdaki gözlüğümün kırık sapına bakarken onun kırıldığı ânı, o an hissettiğim acıyı hatırladım. Çerçevenin yanağıma batışını, elimdeki çerçeveyle adeta yeniden yaşarım mesela. Dijital anılarda böyle bir derinliği yakalayamayacağımı da çok iyi bilirim.

Eğer 1990'lardan sonra doğmuş iseniz şimdiye kadar gerçek bir mektup yazmamış ve almamış olma ihtimaliniz -maalesef- oldukça yüksek. Belki okulda görev olarak yapılan bir iki zoraki uygulama dışında, günümüz gençleri duygularını el yazılarıyla uzun uzadıya kâğıtlara yazıp, özenle zarflara yerleştirip, postaya vererek günler boyunca bekledikten sonra yine aynı şekilde yazılmış bir cevap alma tecrübesini pek yaşayamaz oldular. Bu deneyimi yaşamış olan gençlere artık çok nâdir rastlayabiliyoruz. Peki, bu deneyimler artık gittikçe azalırken, acaba bir şeyleri de beraberinde kaybediyor olabilir miyiz?

Mektup aracılığıyla yazışmak ve iletişim kurmak çok özel bir yöntemdir. Birkaç madde halinde, özellikle konuya yabancı olanlar için mektup yazmanın ve mektuplaşmanın bazı özelliklerini sıralamaya çalışayım:

Size ve o âna özel bir karakter: El yazınızla kaleme aldığınız mektuplar hem genel yazı karakteriniz hem de o satırların yazıldığı an itibariyle sizi etkisi altına alan duygularınızla ilgili olarak, doğrudan sizi ve duygu dünyanızın durumunu yansıtır. El yazısı, beyinde hepimize özel bir şekilde depolanmış kişiye has motor kalıplarla ortaya çıkar. O nedenle yazılarımızın karakteri birbirinden oldukça farklıdır. Bilirsiniz; elinizdeki kalemle bir kâğıda yahut tebeşirle bir tahtaya aynı kelimeleri yazdığınızda, iki yazının stilleri birbirine çok benzer. Fakat ilk durumda minicik parmak kaslarınızı kullanırken, ikincisinde bu işi kol ve omuz kaslarınızla gerçekleştirirsiniz. Demek ki yazı karakteri, kullanılan kaslardan ve beden bölümlerinden bağımsız olarak beyninizde bulunan özel ve size has hareket kalıplarının uygulanmasına dayanır. Bu özellik de sizin el yazınızla kaleme aldığınız herhangi bir şeyi tamamen size özel yapar.

Duyguların aktarımı: Yazı karakteriniz duygu durumunuza göre değişir ve evrilir. Her mektupta bu nedenle ufak tefek farklılıklar kaçınılmaz şekilde ortaya çıkacaktır. Bu da her kaleme aldığınız mektubu özel ve yegâne yapar. Mektupla haberleşen insanlar bir süre sonra birbirlerinin duygu durumlarını yazı karakterlerinden ve kâğıt üzerindeki yazının genel örüntüsünden tanımaya bile başlarlar.

Yavaşlama: El yazınızla metin yazmak yavaştır. Sizi daha yavaş düşünmeye, düşüncelerinizi toplamaya zorlar. Özellikle bilgisayarda olduğu gibi yanlış yapınca "siliverme" şansınız olmadığında kelimelerinize, söylediklerinizin anlam bütünlüğüne, yazdığınız her şeyin önüne sonuna daha çok dikkat etmeniz gerekir. Bu gereklilikler, modern çağın dijital iletişim ortamında neredeyse hiç kullanmadığımız zihinsel devreleri bolca çalışmak zorunda bırakır. Mektup, dikkat ve yoğunlaşma ister; ona özel zaman ayırmanızı talep eder. Bu zihin devreleriniz çalıştıkça da güçlenir ve hayatın diğer alanlarında bunun birçok faydasını görürsünüz.

İhtimam: Birisine göndermek üzere yazdığınız bir metin gönderildikten sonra geri alınamaz, silinemez ve sizin elinizden artık çıkmış olan bir belge hükmündedir. "Yeğenim yazmış, haberim yok!" yahut "Yanlışlıkla sana göndermişim!" gibi bahanelere mektup iletişiminde yer yoktur. Bu nedenle bambaşka bir özen ve dikkat gerektirir. Bu özen ve dikkat ise hayatın hemen her alanında ihtiyaç duyduğumuz ve bugün özellikle gençler arasında "zayıfladığından" çokça şikâyet ettiğimiz özen ve dikkat süreçlerini yöneten devrelerle aynıdır. Kısacası, birilerine düzenli olarak mektup yazmak, yazanı kesinlikle daha dikkatli ve özenli yapar.

Herhangi bir işe yatırdığınız zaman ve özen, zihninizde ve beyninizde o işe verilen önemle doğrudan ilintilidir. Alelacele ve saniyeler içinde sağlanan iletişim, bu nedenle beyin devrelerinizde yer etmez ve bu tip mesajlar "önemli" kategorisine pek kaydedilmez. Bu gerçekten yola çıkarak özellikle gönül işlerinizi, yakınlarınızla olan münasebetlerinizi, dert ortağınızla paylaştığınız sıkıntılarınızı hangi iletişim kanalları üzerinden yürüttüğünüz çok daha önemli hale gelir. Bence bunlar önemlidir ve bunun gibi her türlü "dert", mektup gibi ciddi ve kalıcı bir iletişim ortamına yakışır.

Sabır: Sabır, günümüzün gittikçe tedavülden kalkan meziyetlerinden birisi. Dijital iletişim ortamlarında birkaç saniyelik gecikmelere bile tahammül edemez hale geldik. Halbuki mektuplaşmak tam bir sabır sınavıdır. Yazma aşamasında kendinizi iyi ifade etmek, yazdığınızı doğru zamanda ve doğru içerikle göndermek, hedefine ulaşmasını beklemek ve cevabın yolunu gözlemek sabır dediğimiz o kontrol mekanizmasına ait beyin devrelerimizin sapasağlam olmasını gerektirir. Bu nedenle klasik anlamda mektuplaşma, anlık dijital iletişime göre çok zor, imkânsız ve hatta aptalca gibi gözükür; hele ki bu devirde... Fakat bir kez bu sabrın tadını aldınız mı, ondan vazgeçmek de bir o kadar imkânsız hale gelir.

Hafıza: Hafızamızın deneyimleri sağlıklı bir şekilde kaydedebilmesi için "zamana" ihtiyacımız var. Fakat bu dijital çağda iletişimimizin bu kadar hızlanmasına rağmen zamanımızın adeta hiç kalmamasından muztaribiz. Bir anlık mesajlaşma programında uzun sayılabilecek bir metin hazırlayıp gönderdiğimizde bile, onu kısa bir zaman içinde unutuyoruz. Zira hemen ardından tonla farklı veriyi işlemek durumundayız.

Mektup yazdığınızda ise zamanı adeta yavaşlatmak zorunda kalırsınız. Ağır ağır el yazınızla kaleme aldığınız metinler, hem belleğinizdeki bilgilerin iyice gözden geçirilmesini sağlayarak hafızanızı derli toplu kullanabilmenizi hem de kaleme aldığınız metni yeterli bir sürede içselleştirebilmenizi sağlar. Aslında kendinize ayırdığınız, zihninize verdiğiniz bir zamandır bu ve hele ki bu devirde, faydaları tartışmasızdır.

Kalıcılık: Mektup gerçektir ve gerçek her şey gibi dayanıklı ve kalıcıdır. Hayatınızın belki de en önemli fikirlerini, duygularını, sözlerini ve düşüncelerini hızla yok olup gidecek sanal bir ortama salıp unut(ul)mak yerine, kalıcı eserler haline getirip yıllar sonra bile istifade edilebilecek belgelere dönüştürmenin en iyi yoludur mektuplar. Yıllar sonra bir çekmeceyi açıp da on yıllar önce kaleme alınan ve hemen hepsi sizin şahsî geçmişinize dair kayıtlar içeren duygu ve düşünceleri okuyabilmek, gerçekten de paha biçilmez bir hazineye bedeldir.

Yaratıcılık: Belki de mektup yazmanın en güzel tarafı, dijital sistemin size dayattığı biçim ve formatlardan hiçbirisine uyma zorunluluğunuzun olmamasıdır. İster kâğıda dikey yazar ister resimler çizer ister çıkartmalarla süsler hatta isterseniz "daha fazla bilgi için" sayfaya bir kare (QR) kod bile yapıştırabilirsiniz. (Tamam, kabul ediyorum, böyle imkânlar eskiden yoktu!) Boş bir sayfaya tamamen kendi kurallarınızla kuracağınız bir mektup düzeni, karşı tarafa derdinizi anlatma işlevi gören bir belge olmanın çok ötesinde, aslında sizin yaratıcı zihninizden damıtılmış bir sanat eserine dönüşebilir. Böylece her mektup deneyimi yaratıcılığınızı kamçılayacak geliştirici bir meydan okumaya dönüşür.

Listeyi siz çok daha fazla uzatabilirsiniz. Sözün özü: Mektuplaşma alışkanlığının kaybedilmesi, beraberinde çok fazla insanî kaliteyi de götürüyor olabilir. Elbette bunlara katılmıyor da olabilirsiniz fakat denemeden karar vermemenizi öneririm. Eğer hiç denemediyseniz, mektuplaşmak ilk başta biraz garip gelebilir. Ama bir kez tadını aldığınızda, bu kadim iletişim yöntemi hakkındaki fikirlerinizin kökten değişeceğine eminim.[17]

HİPER-İLETİŞİMDE İLKEL BEYİN SORUNLARI

Milyonlarca yıllık zihinsel ayarlarla birkaç yıllık modern teknolojinin uyumsuzluğu, aslında hepimizin hayatında her gün yaşadığı örneklerle çok iyi bildiği ama çoğumuzun genellikle dikkat etmediği bir durumdur. Bu kısımda size birkaç günlük örnekle bu sorunu ne düzeylerde yaşadığımızı anlatmaya çalışayım:

Birkaç yıl evvel katıldığım bir kitap fuarında, imza ve sohbet seansı sırasında bir hanımefendi yanıma geldi. Bana kitabını imzalatırken "Hocam beni hatırladınız değil mi?" diye sordu.

---

17 Bu arada mektup gönderme işi artık eskisi kadar kolay değil. Postanelerde mektup gişeleri bile kalmadı. Çoğu yerde kargo gişeleri teslim alıyor mektuplarınızı. Geçenlerde bir postane görevlisinin, posta pulunun ne olduğunu hatırlamak için çaba sarf etmesini ibretle izledim. Bir başkası "neden mektupla uğraştığımı" sordu. Artık postane dışında eskiden çokça görebildiğimiz posta kutuları da pek yok. Pulunuzu atıp mektubunuzu postacılara emanet ettiğiniz günler oldukça gerilerde kalmış. Fakat her şeye rağmen, gönderdiğiniz mektubu alan kişide ve cevabî mektubu posta kutunuzda bulup açıp okumaya başladığınızda sizde oluşan hissiyatın başka bir dengi yok.

"Hatırlayamadım?" deyince yüzündeki şaşkınlık ve üzüntü dalgası görülmeyecek gibi değildi. Bir pot kırdığımı düşündüm ve "Kusura bakmayın, nerede tanışmıştık?" demek durumunda kaldım. Gözlerime bu sefer de hayret ve hayal kırıklığı karışımı bir ifadeyle bakarak "En az beş yıldır Facebook'ta arkadaşız sizinle Hocam!" demesin mi! Kendisine kibarca "Hanımefendi benim o sitede en az beş bin tane arkadaşım var; sizce hepsini tek tek tanıyabilir miyim?" dedim. Hayal kırıklığı daha da arttı ve iki yıl önce bir yakınının sorunuyla ilgili bana mesaj attığını ve benim de onu bir doktor arkadaşa yönlendirdiğimi söyledi. Muhtemelen doğruydu zira internette böyle birçok soru alıp elden geldiğince cevap vermeye çalışıyordum. Fakat bu hanımefendi, beş yıl boyunca Facebook'ta sürekli gördüğü, gönderilerini beğendiği, belki arada bir mesaj attığı bir insanla gerçekten tanış ve hatta dost olduğunu düşünüyordu.

Birçok beynin sanal ve gerçeği ayırt edememe durumu elbette bu kadar dramatik olarak ortaya çıkmıyor ama bu örnek uç bir örnek olarak üzerinde düşünülmesi gereken bir deneyimdi. Daha sonra hanımefendi ayrıldı ve ben bir boşluk bulup Facebook hesabımı kontrol ettim; doğruydu. İki buçuk yıl kadar önce iki kez mesajlaşmıştık. Sonra o hanımefendinin profiline baktım, listesinde 120 kadar arkadaşı vardı. Muhtemelen listesindeki herkes bire bir tanıdığı insanlardı ve benim gibi birisini de o kadar süre boyunca orada görünce, beyninin sosyal devreleri benim de "akrabadan" olduğuma ikna olmuş olmalıydı! Söz konusu sitede 5000 kişilik arkadaşlık kotasını doldurduğumu düşünürseniz, durumun neden benim için öyle algılanmadığını da anlayabilirsiniz. Benim Facebook hesabım çok kalabalık ve beynim, zihnim orayı farklı bir kategoride değerlendiriyor.

Fakat benim zihnimin de hazırlıksız yakalandığı yerler var. Mesela gerçek dünyada tanıdığım ama sosyal medya üzerinden de ilişkide olduğum insanlarla sanki "görüşmeye devam ediyormuşum" gibi asılsız bir algının zihnimde oluşmasını engellemem çoğu zaman zor oluyor. Gerçek hayatta yıllardır görmediğim insanları sosyal medya profillerine arada bir rastladığım için aslında "sürekli görüyormuşum" hissi yaşamam, beynimin bu tip ilişkiler için hazırlıklı olmamasından kaynaklanıyor. Sonuç ise biraz vahim: Gerçekten kıymet verdiğiniz bazı dostlarınızı hiç gerçekten arayıp sormadan aylar, yıllar geçebiliyor. Çünkü "zaten görüştüğünüzü" sanıyorsunuz.

Sadece bir SMS veya metin mesajı atarak insanların önemli günlerini kutlayabildiğimizi düşünüyoruz. Düşünüyoruz... Zira gerçekte böyle bir kutlamanın hiçbir anlamı yok. Bu sadece kendinizi "ben ölmedim, buradayım" diye hatırlatmaya yarayabilir. Bir tıkla gönderilen ve bir tıkla okunup silinebilen mesajlar, insan iletişiminin gereklerini yerine getirmekten uzaktır.

2018 yılının en önemli olaylarından bir tanesi, Amerikan seçimlerinde Facebook üzerinden yapılan birtakım manipülasyonların ortaya çıkması olmuştu. Dünyanın en büyük sosyal ağı olan Facebook'un, insanlara seçimleri etkileyecek kadar yönlendirici reklamlar gösterip onları yanlış bilgilendirecek bir mecra haline (istemeden de olsa) dönüşmüş olduğunu öğrendik. Facebook bu satırların kaleme alındığı sıralarda birçok ülkeden çok daha büyük nüfusu olan bir sosyal ağ halindeydi. 3 milyarı aşan kullanıcısı ile Çin kadar hatta ondan daha da büyük bir sanal ülkeden bahsediyoruz. Yakın bir gelecekte bu ağların hem etki hem de ulaşılan insan sayısı açısından çok daha büyük boyutlara ulaşabileceğini rahatlıkla öngörebiliriz.

Özellikle insanın bu dijital ortamlardaki "ilkel" reaksiyonları ve bilinç dışı kullanım alışkanlıklarından kaynaklanan yönlendirilebilirliği, günümüzün ve yakın geleceğin en önemli konularından birisi. Elbette sosyal ağlar üzerinden bizim davranışlarımızı pazarlayarak zenginleşen yöneticiler için oldukça ağız sulandırıcı bir konu bu. Fakat aynı zamanda bu, son kullanıcılar olarak bizlerin kendimizi korumamız ve internet imkânlarını daha çok lehimize kullanabilmemiz için temel düzeyde bilmemiz gereken bir mesele.

Dijital âlemde iletişim kurma iradesi sadece bize ait değil. Özellikle günümüzde (yani bu satırların yazıldığı 2019 yılı itibariyle) internetteki iletişimimizi büyük oranda "algoritmalar" belirliyor.

Artık birçoğu "öğrenebilen yapay zekâ" sınıfına sokulabilecek bu "akıllı" algoritmalar, internetteki her hareketimizden, her konuşmamızdan, her etkileşimimizden bir şeyler öğrenerek buradan çeşitli davranış kalıplarımızı fark ediyor ve bunları özellikle ticari amaçlarla üretici ve satıcı firmaların reklamları için kullanıyor.

Çoğu zaman işimizi oldukça da kolaylaştırıyorlar. Mesela ayakkabı almayı düşündüğümüz bir süreçte bolca ayakkabı reklamı görmemiz yahut bir ısıtıcıya ihtiyacımız varken, varlığından hiç haberdar olmadığımız ve "tam bize göre" olan yeni bir ısıtıcı teknolojisiyle "tanıştırılmamız" neticede iyi ve faydalı olarak düşünülebilir. Fakat bu algoritma faaliyetleri her zaman bu kadar masum olmuyor. Bir kere, her hareketimizi kaydedip zihnimizi okumaya çalışan bir dizi yazılımla yüz yüze olma fikri; özellikle de buralara gönüllü ve bilinç dışı olarak bolca veri sağladığımız düşünüldüğünde, pek hoş bir fikir değil. Öte yandan bu tip algoritmalar, aslında iletişim özgürlüğümüz için de ciddi bir tehlike potansiyeli taşıyor. Zira bu tip yazılımların temel amaçlarından birisi, bizi ait olduğumuz kültür, inanç, ideolojik grup, sosyoekonomik seviye yahut coğrafi yaşam alanı gibi parametreler aracılığıyla belli gruplara dahil etmesi ve karşımızdaki dijital içeriğin ne olacağına bizim yerimize karar vermeye başlaması...

Örneğin Twitter gibi siteler bize "takip edilecek yeni kişiler" önerirken, bunu daha önceki takip, beğeni ve diğer siber hareketlerimizi baz alarak yapıyorlar. Yani çoğunu bilinç dışı olarak sergilediğimiz gelişigüzel davranışlarımız, biz farkında olmadan belli bir zaman sonra internette "ne ile karşılaşacağımızı" belirlemeye ve sınırlandırmaya başlıyor. Birçok bilgi ve görüşten istifade edeceğim derken kendimizi, sesi pek bir hoşumuza giden kısır "yankı odaları" içinde buluveriyoruz.

Algoritmalar tarafından "içine dahil edildiğimiz" sanal grup veya kümeler, bize ulaşacak verileri de belirliyor. Bizi dijital bir fanus yahut süzgeç içine dahil ederek hem daha "rahat" (!) bir internet deneyimi yaşamamızı sağlıyorlar hem de tüketici odaklı reklamlarla tüketim kültürünün devamına hakkıyla hizmet ediyorlar. Böylece aslında bilinçsizce gelişen milyonlarca etkileşim sonucunda internetten nasibimizi de birtakım yazılımların eline bırakmış oluyoruz.

Genele açık olmayan (Whatsapp veya benzeri) kapalı mesajlaşma platformları da farklı bir sorun taşıyor: Buradaki insanlar, bu platformları "özel" olarak düşündükleri için hem çok daha özel sorun ve görüşlerini başkalarıyla paylaşabiliyor hem de sıklıkla günlük hayatta pek dahil olmayacakları "potansiyel olarak tehlikeli" konulara daha rahat girebiliyorlar. Bu imkânlar, sıradan bireyler için özgürlük gibi gözükse de bizi bu davranışlara yönlendiren algoritmalar, çoğu zaman bizden çok daha zekiler! Evet, kızmayın, bizden çoğu zaman daha zekiler çünkü onlar sadece bu tip sosyal manipülasyonlar için tasarlandılar ve devamlı gelişiyorlar. İnsanlar ise "Fabrika Ayarları" gereği bu işte onlara göre çok ama çok geride. Üstelik algoritmalarımız sayesinde ilerleme göstereceğimize, tam tersi, ciddi bir gerileme yaşama durumumuz da söz konusu. Neden mi? Çünkü ne kadar çok şey için "yardım" alırsak, o yeteneklerimizi o derece köreltiyoruz. Hele dijital âlem gibi boyutlarıyla artık asla başa çıkamayacağımız bir heyula ile iç içe geçmiş durumda yaşamaya çalışırken, buralarda sadece kendi "irademiz ve amaçlarımızla" hareket ettiğimizi söylemek sanırım oldukça naif bir temenni olarak kalmaya mahkum.

Özetle: Beynimiz, internet aracılığıyla karşı karşıya kaldığı etkileşim ve bilgilerin gerek yoğunluk gerekse kaynağa ulaşmak bakımından gerçekliğini sınayabilme kabiliyetini gittikçe kaybediyor. Yoğun veri bombardımanı, beynimizin analitik düşünme ve karar verme sistemlerini aşırı yükleyerek devreden çıkartıyor ve "otomatik pilot" etkisi altında davranış gösteren bireylere dönüşüyoruz. Bilinçsizce tıkladığımız reklamlar, yarı bilinçli halde beğendiğimiz gönderiler, hatta metin ve sorgulama kutularına yazıp göndermeden sildiğimiz metinler dahi büyük veri tabanlarına işleniyor. İnsan davranışlarını tahmin etmek amacıyla geliştirilmiş yapay zekâ algoritmalarının en önemli ihtiyacı olan "eğitim amaçlı büyük veri" işte bu bilinç dışı kullanımlarımız sayesinde bir sel gibi uluslararası sunuculara akıyor. Gigabaytlarca veriyi örüntü analizleri ile inceleyip buradaki örüntüleri gittikçe daha iyi öğrenen yapay zekâ algoritmaları, bizlere "tam da istediğimiz zaman istediğimiz şeyleri sunan" ve "bizleri her an daha fazla veri göndermeye istekli" halde tutan her türlü numarayı yapabilir hale geliyorlar.

GERÇEK İLİŞKİLER YERİNE SANAL İRTİBATLAR

Sosyal medya ve sosyal ağlar artık her yanımızı sarmış vaziyette. İnternet üzerinden ilişki kurabildiğimiz binlerce insan "en güzel, en mutlu, en alımlı ve en sağlıklı" halleriyle sürekli karşımızda arz-ı endam ediyor. "Mutluluk paylaşmaktır." ilkesini biraz rayından çıkartarak, "Paylaşılmayan şey mutluluk değildir." noktasına doğru evriliyoruz. Her evde olabilecek irili ufaklı tartışmalar neticesinde "sosyal medyaya" kaçıp orada teselli arayan insanlar, gerçeği sanalından ayırt etmekte zorlanan beyinleri nedeniyle sıklıkla "daha iyi alternatiflerin sınırsız olduğu" bir sanal dünyayı gerçek dünyaya tercih etmeye başlayabiliyor.

İnternette iletişimi istediğiniz zaman başlatıp istediğiniz zaman kesebilme, istediğiniz gibi görünebilme hatta bambaşka birisi olabilme gibi şanslarınız varken gerçek dünyanın o sıkıcı, yeknesak, sıradan (!) ilişkilerine gittikçe daha az katlanabilir oluyoruz. Karşımızda gerçek eşimiz, çocuğumuz, öğretmenimiz veya arkadaşlarımız varken istediğimiz anda "çarpı" simgesine basıp onları kapatamıyoruz. Her birinin nazını çekmek, zihinlerini okumak zorundayız. Halbuki sanal dünyada bunların hiçbirisi yok!

Elbette ki aklı başında hiçbir insan bu anlatılan tablodaki tuhaflığı fark etmeden duramaz. Fakat yarı bilinçli vaziyette kendimizi internete attığımız her an, çalışması neredeyse durma noktasına gelen analitik beyin devrelerimiz bizi çoğu zaman buna benzer bir duygusal tercih saçmalığına itmeyi başarabiliyor. Günümüzde evliliklerin bitmesine neden olan olayların gittikçe daha büyük bir bölümü sanal ilişki ve tanışıklıklara dayanmaya başladı. Mesela Facebook kullanımı ile boşanma oranları arasında belirgin bir ilişki olduğu birçok çalışmada ortaya konmuş durumda.[18]

18 Valenzuela S, Halpern D, Katz JE (2014) Computers in Human Behavior. V. 36 pp. 94-101. ISSN 0747-5632 https://doi.org/10.1016/j.chb.2014.03.034.

Ben ve benim dönemimdeki insanlar dijital teknoloji ile sonradan tanıştıkları için "göçmenler" olarak adlandırılıyor. 2000'lerden sonra doğanlar ise artık bu dijital dünyanın "yerliler"i. Anlatmaya çalıştığım garip çelişkiler bize ne kadar tuhaf gelirse gelsin, beyin ve zihin ayarlarımız daha nesiller boyunca (biyolojik altyapı anlamında) çok fazla değişmeyeceğinden, bu tip tehlikeler "yerliler" için gittikçe daha büyük bir sorun haline gelecek. Özellikle eğitim süreçlerimizde bu sorunları dikkatli bir şekilde masaya yatırmazsak, bahsettiğim dijital uyumsuzluklar sebebiyle oldukça fazla sıkıntı çekme ihtimalimiz var.

İnsan türü, eğer hayatta kalacaksa artık kendisine uygun bir teknolojik medeniyet üretmenin farklı yollarını düşünmek zorunda olduğu bir noktaya gelmiş durumda. Zira artık bizzat kendi elimizle ürettiğimiz ve sırf daha iyi iletişim kuralım diye icat ettiğimiz sistemler, insan türünün tüm düzenini bozabilecek etkinliğe ulaşmak üzere.

SOSYAL MEDYAYA NEDEN BAYILIYORUZ?

Günümüzde Instagram, Facebook, Twitter gibi bugün moda olan sosyal medya mecralarına hepimiz bayılıyoruz. Bu servisler bizden beş kuruş para istemeden hayatımızı dolduracak kadar eğlence sunuyor. Kendimiz istediğimiz zaman istediğimiz yerden canlı yayın yapabiliyoruz. İstediğimiz resimleri paylaşabiliyoruz, istediğimiz kişiyle temasta kalabiliyoruz ve bu hizmetlerin neredeyse tamamı bedava! Fakat artık temel bir pazarlama kuralını sanırım hepimiz biliyoruz: Eğer güzel, işinize yarayan bir hizmet için para ödemiyor ve bundan özgürce faydalanabiliyorsanız, bu sistemin sattığı ürün aslında sizsiniz. Sizin verileriniz, sizin kullanım biçiminiz bu tip sistemlerin ana kazanç kaynağını oluşturuyor.

Sosyal destek ve iletişim açısından ne derece temelden yapılandırılmış olduğumuzu bolca konuştuk. Bu temel duygusal ihtiyaçlarımızı tatmin edebilmek için sosyal ağlar bize yepyeni imkânlar (!) sunuyor. Bu imkânlar sayesinde her birimiz internete her saniye milyonlarca bitlik veri yağdırıyoruz. Artık sadece bir şeyler yazıp göndermemiz yahut birtakım fotoğrafları aktif olarak beğenmemiz falan da gerekmiyor. Mobil cihazlarımız veya bilgisayarlarımızın içerisinde bulunan pozisyon ölçerler, jiroskoplar, hareket algılayıcıları, ekran aktivite kayıt yazılımları ve daha varlığının farkında bile olmadığımız yüzlerce farklı veri toplama aracı; yaptığımız en ufak jest ve mimikleri dahi sürekli kaydedip belli merkezlere sürekli bir veri akışı olarak göndermekte. Ceplerimizde taşıdığımız cihazlar, hani deyim yerindeyse "dijital amel defterleri" gibi ne yaparsak kaydediyor.

Diyelim ki dijital bir metin okuyorsunuz. Bir sayfayı yukarıdan aşağıya izlerken sayfanın bazı yerlerini yavaş, bazı yerlerini hızlı geçeriz. Size o metni okuma kolaylığı sağlayan o uygulama neyse; büyük ihtimalle hangi sayfaların nerelerinde yavaşladığınızı, nerelere baktığınızı, ekranı hangi açılarda tuttuğunuzu, bulunduğunuz ortamın ışık miktarına kadar aklınıza gelebilecek her türlü veriyi kaydediyor. "Benim verilerimi kim ne yapsın?" diye düşünüyorsanız, haklısınız. Zaten amaç "bizzat sizin" verileriniz değil. Esas amaç "hepimizin" verilerini toplamak ve böylece davranışlarımızı yöneten kurallara dair karmaşık örüntüleri keşfedebilmek. Günümüzde belki de yapay zekâ teknolojisini en işlek olarak kullandığımız alan da tam burası.

Bu konuda daha fazla canınızı sıkıp moralinizi bozmak istemem. Dijital gelecekte başımıza neler gelebileceğine dair daha önce Mustafa Acungil ile birlikte yazdığımız *Dijital Gelecekte İnsan Kalmak* (Tuti Kitap, 2019) adlı kitabımızı bir kez daha bu noktada önermek ve bu konuların detaylarını oraya havale etmek sanırım en güzeli olacak.

SOSYAL ÇEVRE VE BAĞIMLILIK

Dijital dünyanın sorunlarından bahsederken aklımıza ilk gelen sorunlardan birisi genellikle "dijital cihaz ve internet bağımlılığı" olur. Bu tip bağımlılıklar gerçekten de gittikçe artan bir sorun olarak karşımızda birikmeye devam ediyor. Fakat tüm bağımlılık konularında olduğu gibi, alışkanlıklarımız gereği burada da meseleye biraz yanlış bir açıdan bakıyor olabiliriz.

Diğer insanlarla özellikle duygusal temelli ilişkilerin bizim için ne kadar önemli olduğunu bolca zikrettik. Bunun eksikliğinde oldukça ciddi zihinsel ve davranışsal sorunlar yaşayabilmemiz de olası. İnternet ve onunla ilişkili teknolojilerin bu ihtiyaçlarımızı nasıl "kullandığına" da değinmiştik. Peki bu dijital bağımlılık neden ortaya çıkıyor ve neden herkesi değil de bazı insanları tehdit ediyor?

Bazı insanların bağımlılığa daha yatkın olduğunu, diğerlerinin onlara göre daha dirençli olduğunu uzun zamandan beri biliyoruz. Bu farkı açıklamak için geliştirilen biyolojik tabanlı birçok açıklama çabasına rastlayabilirsiniz. Doğuştan bazı kimyasalların miktarlarının az yahut fazla olması, gelişimsel sorunlar, beslenme yahut duygusal çevre sorunları gibi sayısız faktör etkenler arasında sayılabiliyor.

Bununla birlikte artık bir insanın bağımlılık potansiyelini en çok etkileyen faktörlerden birisinin sosyal yalıtım ve yalnızlık olduğunu; diğer insanlarla duygusal ilişkilerin sağlıklı bir biçimde kurulamamasının en etkili nedenlerden birisi olduğunu biliyoruz. Böyle bir "yalnızlık" hali birçok insanı keyif verici maddeler, yıkıcı veya uyuşturucu (alışveriş, kumar veya pornografi gibi) davranışlar aracılığıyla bir şekilde kendilerini tatmin etmeye yönlendirebiliyor. Bu tip bağımlılık yapıcı madde ve davranışların ortak özelliği ise özellikle beynimizin ödül sistemlerini aşırı derecede uyarması ve bu uyarıma insanların gittikçe daha fazla ihtiyaç duyması şeklinde özetlenebiliyor. Fakat bu basit açıklama, neden herkesin bağımlı olmadığını anlamamızı sağlamıyor. Zira bu beyin bölgeleri ve ödül sistemleri hepimizin beyninde mevcut ve aktif durumda. Aradaki farkı yaratan başka bir şeyler olmalı.

1970'li yıllarda farelerde yapılan bağımlılık çalışmalarında ortaya çıkan bazı ilginç sonuçların 1990'lara hatta 2000'lere kadar genel dolaşıma girmesi oldukça zor olmuştu. Halbuki bağımlılık meselesinin sadece kimyasal bir sorun olmadığını aslında en azından bazı bilim insanları o dönemlerde fark etmişlerdi.

Laboratuvarda deney hayvanları ile yapılan bağımlılık deneyleri temelde basittir: Deney hayvanları kafeslerinde yahut yaşam ortamlarında mesela kokainli veya alkollü su gibi uyuşturucu özelliği taşıyan kimi maddelere maruz bırakılır. Tabii ki bir süre sonra bu hayvanların hemen hepsi bu uyuşturuculara bağımlı hale gelirler. Fakat bir ara, farelerin de bizim gibi "sosyal hayvanlar" olmasından yola çıkan bir araştırma grubu, hayvanların kafeslerde yalnız başına ve stresli bir ortamda bulunmasını dikkate alarak, böyle bir ortamın hayvanları bağımlı yapma potansiyelinin daha yüksek olabileceğini düşünüyor. İyi ki de düşünüyorlar... Zira hemen sonra, bu bağımlılık deneylerini fareler için oldukça farklı bir ortamda yapmaya karar veriyorlar. Bu farklı ortam "Fare Parkı (Rat Park)" olarak biliniyor.

Fare Parkı, bir fare yahut sıçanın isteyebileceği her şeyi; erkek ve dişi diğer fareler, oyuncaklar, sığınma alanları, bol yem ve su gibi her türlü bileşeni en iyi oranlarda içerecek şekilde tasarlanmış bir alan. Fareleri böyle bir ortama koyduktan sonra, onlara kokain ile su alternatif olarak sunulduğunda, tahmin edeceğiniz üzere fareler artık kokain bağımlısı olmuyorlar. Güzelce gidip yemeklerini yiyor ve arada da sularını içiyorlar. Bazılarının sadece arada bir kokainli suyu az miktarda tükettiği görülüyor. Bu da insanlardaki rahatlama ve eğlence amaçlı ilaç kullanımına yani bağımlı olmayıp da arada bir uyarıcı yahut uyuşturucu madde kullanan insanların davranışlarına çok benziyor. Kısacası, ortam fareler için "şenlikli" oldukça kalıcı bir bağımlılık etkisi gözlemlenmiyor.

Hikâyenin bir başka ilginç tarafı daha var: Tek başlarına kaldıkları kafeslerde bol miktarda uyuşturucu madde mâruziyeti neticesinde bağımlı hale gelmiş hayvanlar bu "Fare Parkı"na kondukları zaman, günler içerisinde bağımlılık davranışlarında bir azalma ve normal beslenme döngüsüne geri dönüş izleniyor. Yani bundan önce "kimyasal olarak ödül sistemi üzerinden bağımlı olduğu düşünülen" bu farelere adeta mucizevî bir şey oluyor ve Fare Parkı'nda mutlu mesut yaşamlarına geçiş yaptıklarında, bir anda düzeliveriyorlar!

Bu deneylerin sonuçları, uzunca bir süre önce yayınlanmış olmasına rağmen özellikle bilim camiasındaki insanların ilgisini çok fazla çekmeyi başaramamıştı. Çünkü bu açıklamanın karşısında "bağımlılığın kimyasal teorisi" olarak özetlenebilecek harika ve basit bir açıklama vardı. Belli kimyasal maddeler yahut vücuttaki bu kimyasal maddelere duyarlı moleküler alıcılar (reseptörler) üzerinden yapılan biyokimyasal açıklamalar hem gayet anlaşılırdı hem bizim için işi oldukça basitleştiriyordu ve hem de ilaç araştırmalarına önemli bir alt yapı ile gerekçe sağlıyordu. Çoğunun faydasız olduğunu bilsek de ilaçla bağımlılık tedavisi yaklaşımlarına umut bağlamak her zaman daha kolay gelmekteydi. İşin içine sosyallik gibi ölçümü ve tanımı zor kavramların girmesi, muhtemelen bu basit kimyasal ön kabullerle yarışamayacak kadar "yakışıksız" görünüyor olmalıydı.

GÖRSEL 6: Farelerde bağımlılık çalışmaları için düzenlenen "Fare Parkı" sisteminin temel mantığı. Fareler için gereken her şeyin bulunduğu böyle ortamlarda bir fareyi madde bağımlısı yapmanız, tek başına kafeslerdeki farelere kıyasla çok ama çok zor. Bu da bağımlılık denen hastalığın sadece kimyasal etkileşimler ve moleküllerle ilgili olmadığını, canlının sosyal ve biyolojik çevresinin de bu süreçte büyük rol oynadığını gösteriyor. (Alexander, B.K., ve ark. 1984; Pharmacology Biochemistry and Behavior, Vol 15, 4:571–576.).

2000'li yıllardan itibaren artık bağımlılığın en etkin tedavisinin; bağımlı insanları gerçekten sevgiyle kabullenilebilecekleri gerçek bir sosyal ortama sokarak, bozulmuş olan sosyal bağlarının tekrar kurulabilmesiyle mümkün olabileceğini yeniden anlamaya başladık. Artık bağımlılığı ilaçlarla neden kalıcı olarak tedavi edemeyeceğimizi daha iyi anlıyoruz. Bizler sadece kimyasal, molekül gruplarından müteşekkil robotlar değiliz. Çok ciddi sosyokültürel ihtiyaçlarımız var ve bunları tatmin edemediğimiz zaman sağımız solumuz hiç belli olmayabiliyor.

Burada birkaç noktayı dikkatle vurgulamakta fayda var. Fare Parkı deneyi kısaca özetlemeye çalıştığım gibi kesin sonuçları olan bir deney değildir. Üzerinde çok tartışmalar yürütülen, itiraz edeni çok olan bir çalışmadır. Ayrıca doğrudan insanlara uygulanabilir bir deney de değildir. Çünkü insanlar için böyle "mükemmel" bir ortamı yaratmak neredeyse hiçbir zaman mümkün olmayacaktır; orası kesin. Bunların yanı sıra bağımlılık konusunda elbette bağımlılık yapan maddenin cinsi, kişinin biyokimyasal özellikleri, genetik mirası, yaşı, sosyoekonomik durumu gibi birçok etken de sosyal ortam kadar etkilidir. Bunların hepsi muhakkak göz önüne alınması gereken gerçeklerdir. Fare Parkı deneyinin bize hatırlattığı en önemli gerçek, farelerin bile "sadece kimyasal etkilerle" hareket eden basit canlılar olmadığıdır. Dolayısıyla insan söz konusu olduğunda durum tabiatıyla biraz daha karmaşık bir hale gelecektir.

Ana konumuza bağlayalım: Önümüzdeki dönemlerde bu dijital dünyanın her yanımızı iyiden iyiye kuşatacağı günler geldiğinde "Dijital bağımlılıkla nasıl başa çıkacağız?" sorusu ana sorunlarımızdan birisi olacak gibi duruyor. Gerçekten de bizi gerçek sosyal ilişkilerden koparacak, yatak odalarımıza dahi misafir olacak ve hatta belki yakında bedenlerimizin içerisine kadar girecek teknolojik gelişmelerle hayatımızın her ânını kaplayacak kadar belirgin hale gelecek dijital teknolojiyle sıkı bir sınava girmemiz kaçınılmaz olacak. Bence bilmemiz ve unutmamamız gereken en önemli gerçek, en az 200 bin senelik bir maziye dayanan beynimizin bu gelişmeler karşısında oldukça savunmasız bir durumda kalabileceğidir.

İYİLİK YAPMAK NEDEN İYİDİR?

Kendimize herhangi bir çıkar sağlama beklentisi olmadan, diğer bir bireyin hayatını kolaylaştıracak birtakım davranışlarda bulunmak, ilk bakışta biyolojik âlemin genelde "zannedilen" mantığına ters gibi görünür. Genelde zannedilen diyorum, zira biyolojik evrimin sürücü gücünün "sürekli bir hayat mücadelesi ve yaşamda kalma kavgası" olduğuna dair çok yaygın ama temelsiz bir inanışın toplumda yerleşmiş olduğunu görebiliyoruz. Evrimsel biyolojinin sanki "en güçlü olan hayatta kalır" sloganı üzerine kurulu olduğunu düşünen çok insan var. Bunda tabii ki evrimsel biyolojiyi öğretemiyor olmamızın da payı büyük. Halbuki doğal seçilimin en önemli kuralı, en uygun olanın seçilmesi ve üreme şansının artmasıdır. Bu en uygun ise her zaman en uzun, en renkli, en bencil, en güçlü yahut en hızlı olan değildir. Özellikle bizim gibi sosyal canlılarda, diğer bireylerle iş birliğini artıracak davranışlar uzun vadede büyük avantaj sağladıkları için kolaylıkla seçilir ve zamanla topluluk içinde hâkim özellikler haline gelirler. Başkalarına iyilik yapmak da işte böyle, görünüşte "boşa masraf" gibi görünen ama uzun vadede büyük avantajlar sağlayan bir dizi davranış kalıbının ortaya çıkmasını sağlamıştır.

İyilik yapmak ve iyilik görmek bize pek iyi gelir. Özellikle nedensiz ve beklenmedik şekilde iyilik yapmak ve iyilik görmek; beynimizdeki ödül merkezlerinin adeta coşmasını, iyi hissettirici hemen tüm kimyasallarımızın miktarının artmasını sağlar. Hani denir ya "İyilik yapmak, ödülünü içinde taşır." diye; gerçekten de durum böyledir. Daha önceki bölümlerde ve *Değişen Be(y)nim* kitabımda, beynimizin ödül sisteminin ne işe yaradığını detaylıca anlatmaya çalışmıştım: Bizi hayatta tutan davranış kalıplarını tekrar etmemiz için içsel bir işaretleyici sistemi olarak görev yapıyordu. Neredeyse bütün sosyal hayvanlarla paylaştığımız bu "iyilik/ödül" devreleri de sosyalliğin ve yardımlaşmanın, sosyal canlıların ayrılmaz bir parçası olduğunu bize açıkça gösteriyor.

Biyolojide altruizm ve karşılıklı (resiprokal) altruizm olarak bilinen yardımlaşma davranışı temelde çok basit (ve bazen insanların çoğu için işin büyüsünü kaçıracak kadar sade) bir nedene dayanır: "Sırtımı kaşırsan sırtını kaşırım." İyilik yapan, başkalarına yardımcı olan canlılar; diğerlerinden de yardım görme ihtimali yüksek olan canlılardır. Mesela sırt bölgesindeki sık kılların arasına yerleşmiş parazitleri temizlemekte zorlanan bir şempanze, akrabası olmayan bir başka maymundan sıklıkla yardım alır. Bu yabancı maymun gelip bazen saatlerce onun sırtındaki parazitleri ayıklamakla uğraşarak bir "iyilik" yapar. Fakat büyük planda bu iyilik karşılıksız değildir. Ayıklayan şempanzemiz de benzer bir dertten muztarip olduğu zaman, şu anda sırtındaki parazitleri temizlediği arkadaşı olmasa bile, bir başka şempanzenin yardımına ihtiyaç duyacak ve büyük ihtimalle bunu alacaktır. Peki bir şempanze meseleye bu kadar zaman ötesinde, hesaplı kitaplı bakabilir mi? Muhtemelen hayır. Onun "hissettiği" şey muhtemelen, bir başkasının sırtındaki parazitleri ayıklarken kendi içinde hissettiği "hoş bir duygu" olsa gerektir. Zira bir başkasına iyilik yaparken beynimizdeki ödül sistemi, bizde de aynen bu şempanzelerde olduğu gibi faaliyete geçer. Bu hoş duyguyu takip ederek, nedenini hiç sorgulamadan, milyonlarca yıllık evrim mühendisliği ile beyin devrelerine yerleştirilmiş olan hareketleri tekrarlayan şempanze muhtemelen bildiğimiz anlamda "bilinçli olarak" iyilik yapmamaktadır. O tabiatının gereğini yaşamakta ve neticede tüm türün faydasına olacak bir iş birliği örüntüsü içinde kendi rolünü îfâ etmektedir.

Bu tipte sayısız örnek, bize "biz"im hakkımızda önemli bir şey söyler: İyi olmak için insan olmaya gerek yoktur. İyilik, sosyal canlılar için vazgeçilmez temel ayarlardan birisidir. Evet, insan olabilmenin ön şartlarından birisidir iyi olmak. Fakat diğer canlılardan farklı olarak "doğasına aykırı davranışlar" sergileyebilen insanlar, bu biyolojik ihtiyaç ve kurgularını sıklıkla "unuturlar" ve bu nedenle "hatırlatmalara" ihtiyaç duyabilirler. İşte bütün geleneksel öğretiler, masallar, söylenceler, efsaneler, inançlar ve dinler insana bu özelliklerini hatırlatma işlevini değişik şekillerde yürütürler. Ben de burada "bilim" aracılığıyla, önce kendime sonra da herkese bu tabii ayarları hatırlatmaya çalışıyorum. Fakat bu temel ayarların kaynağını "hatırlatıcılarda" aramaya başlarsanız bunun büyük bir hata olacağını düşündüğümü de eklemeliyim. Hatırlatıcılar, tabiatımızdaki "iyiliği ve doğruyu" hatırlatabilirler. İster din ister bilim isterse gelenek olsun, bunlar iyiliğin kaynağı değil, olsa olsa hatırlatıcılarıdırlar. Üstelik bunların hatırlatma başarıları, o araçları kullanarak anlatan insanların anlama ve anlatabilme kapasiteleri ile de sınırlıdır (örneğin bu kitapta anlatılan her şey, benim kapasitem kadardır). Dolayısıyla "hatırlatıcı" olana "kaynak" muamelesi yapınca hatalara düşmek, büyük yanlışlar yapmak da kaçınılmazdır. Mesela bilim veya din adına yapılan sayısız zulüm ve aşırılık, bunun en iyi göstergeleri arasındadır. Zira doğadaki büyük armoniyi sağlayan tüm güzellikler, tabiatın içinde içkin olarak kodlanmış durumdadır. Bunu bozabilme kudretine sahip olan tek canlı insandır ve sadece kendi ayarlarını değil, ayarlarının kaynağını da sıklıkla unutabilmektedir. Maalesef...

FEDÂKÂRLIĞIN MATEMATİĞİ

Şöyle bir senaryoyu düşünelim: Yanan bir binanın önündesiniz. Zamanınız çok az. İçeri girip sadece tek bir kişiyi kurtarıp dışarı çıkarabilme şansınız var. Binada ise iki kişi var: Birisi 82 yaşında olan ve yürümekte dahi zorlanan dedeniz ve diğeri de bir buçuk yaşındaki küçük çocuğunuz. Acaba hangisini kurtarırdınız? Bu sinir bozucu senaryonun cevabı her zaman aynıdır: Bebek kurtarılır, dede ise feda edilir. Dedenizi ne kadar severseniz sevin, onu kurtaracağım diye küçücük çocuğu ateşler içinde ölüme terk etmenin vicdan azabından ömür boyu kurtulamazsınız. Böyle bir şey olsa bile, bunun mantığını kimselere anlatamazsınız. Hatta hukuken ciddi anlamda suçlu duruma bile düşebilirsiniz. Meselenin hukukî kısmı tartışma götürebilir olsa da biyolojik tarafı çok sadedir: Genlerinizin bir sonraki nesle aktarılmasını kolaylaştıracak davranış ve düşünüş kalıplarınız, o küçük çocuğun hayatını her şeyden önemli hale getirir. Birçok sosyal hayvanda aynen gördüğümüz gibi, tehlike altındaki bir bireyin bizim genetik özelliklerimizi gelecek nesillere aktarabilme potansiyeli arttıkça onu koruma ve kollama güdülerimiz de şiddetlenir. Hatta bunun için bizzat kendi canımızı dahi feda edebiliriz. Binada öz çocuğunuz ve öz yeğeninizin olduğu senaryoda yeğeninizi, komşunuzun çocuğu ve yeğeninizin olduğu senaryoda ise komşunun çocuğunu ölüme terk etme davranışı neredeyse mecburî olarak ortaya çıkar (tabii ki çeşitli nedenlerle ortaya çıkabilecek sayısız istisna da vardır).

Şimdi senaryoyu biraz daha gaddarca değiştirelim: Yanan binada kendi çocuğunuz ve bir de onunla aynı yaşta öz yeğeniniz var. Yeğeniniz çok zeki, başarılı ve atak bir çocuk. Genetik olarak bütün avantajlı özellikleri taşıyor. Sizden de genetik parçalar taşıdığını unutmayın çünkü yakın akrabasınız. Kendi çocuğunuz ise mesela ağır otistik bir çocuk olsun. Hangisini kurtarırdınız? Bu, sorulması bile abes bir soru aslında. Zira elbette ki diğer parametreler ne olursa olsun kendi çocuğunuz önceliklidir. Görüldüğü gibi "en iyiyi" değil, kendinden olanı seçmeye ayarlanmış bir sistem arka planda sessiz sedasız çalışıyor[19].

Peki, yangında hem komşunuzun çocuğu hem de onunla aynı yaşta başka, tanımadığınız bir çocuk sıkışmış olsun. Bu durumda ne yapardınız? Böyle bir durumda ikilemde kalmanız gayet doğaldır. Aranızda genetik bir bağlantı yok ve sizi harekete geçirecek kesin bir atasal karar mekanizması devreye giremeyebilir. Hatta belki de hiç yangına girmeyip itfaiyeyi beklemeyi bile tercih edebilirsiniz. Fakat burada diğer canlıların pek yeltenmeyeceği bir şey yapabilir ve yine bir tanesini, özellikle de muhtemelen "tanıdık" olanı kurtarmak üzere atağa geçebilirsiniz. Tüm bu senaryoların hepsi son derece basit matematiksel hesaplar gibi gözükse de hem tabiatta çok iyi çalışır hem de insan söz konusu olunca basit denklemleri bozabilecek davranışlar her an ihtimal dahiline girebilir.

İnsan bu "denklem bozucu" etkisini çok ötelere taşıyabiliyor. Protesto amaçlı olarak kendini ateşe veren ve gıkı bile çıkmadan yanarak ölen o meşhur Thich Quang Duc adlı Budist rahibin fotoğraflarını muhakkak görmüşsünüzdür. Tanımadığı insanların hayatlarının daha iyi olması için hayatlarını feda etmeye karar veren sayısız insandan bir tanesidir o. Büyük bir adanmışlık ve zihinsel hazırlık sonucunda, kendisini çokça aşan amaçlar uğruna canlarını ortaya koyabilen bu insanların elbette ki temel moti-

---

19 Elbette böyle netâmeli bir konuda insanlar üzerinde bilimsel çalışma yapılması hem mümkün değildir hem de etik değildir. Fakat bu bilgilerimizin önemli bir kısmını hayvanlar âlemindeki "akraba seçilimi" çalışmalarından alabiliyoruz. Maymunlarda akraba seçilimine örnek bir çalışma için: Int J Primatol (2008) 29:487–495

vasyonları "genlerini bir sonraki nesile" aktarmaktan biraz daha farklı bir noktadadır. Muhtemelen bu temel biyolojik ihtiyacın bir yansıması sonucu "insanlığın faydası" gibi diğer canlılarda göremeyeceğimiz büyük çaplı bir amaç, insanlarda sıklıkla ortaya çıkabiliyor.

GÖRSEL 7: 11 Haziran 1963 günü kendini Saygon şehrinin ortasında ateşe veren ve sesini bile çıkartmadan yanarak ölen bu insan Thich Quang Duc adlı Vietnamlı bir rahipti. Bu intiharı, 9 arkadaşını katletmiş ve ülkeyi kaosa sürüklemekte ısrarlı bir yönetimi protesto etmek içindi. Etkisi çok büyük olan bu eylem, dünyadaki neredeyse tüm gazetelerde baş sayfada haber olurken Vietnam'da devrimi tetikledi ve Amerika Birleşik Devletleri'nin Vietnam Savaşı'na girmesinin muhtemel sebepleri arasında yer aldı.

İnsanın yardımseverliği başka boyutlara da genişleyebiliyor. Hayvanları, ağaçları yahut sanat eserlerini korumak için canlarını tehlikeye atan insanlar duyduğumuzda fazla şaşırmıyoruz. Çünkü insanın zihinsel kapsayıcılığı, uygun şartlar sağlanmışsa evreni içine alabilecek kadar genişleyebilme potansiyeli taşıyor. Öte yandan bunların tamamen zıddına, yıkıcılığı ve gaddarlığı sınır tanımayan bir türe dönüşebilme potansiyeli de taşıyoruz. O nedenle tabii ayarlarımızı anlamak, tabiattaki o özenilesi düzene nasıl ulaşabileceğimize ve o düzenli sistemi nasıl koruyabileceğimize dair bize derinlikli ipuçları sunabiliyor. Anladıkça ve yaşadıkça daha iyi olacağımızı neredeyse garanti edebilen bir bilgi tipidir bu.

Yapmak da yıkmak da iyilik de kötülük de tabiatımızın doğal parçalarından. Bunlar tabiatta başka canlılarda da değişik düzeylerde gördüğümüz örnekler. Mesela birçok canlıda bizim insanlarda olumsuz olarak kodladığımız kandırma, aldatma, ihanet, çıkarcılık ve bencillik davranışlarını görebiliyoruz. Bu davranışların var olmasına rağmen hâkim değerler olamaması, bize insan tabiatımızın bazı "fısıltılarına" karşı önemli bir savunma sunuyor. Öyle ya; öleceğini bilen ve sayısız şeytanlığa kafası çalışan bir canlı olarak neden sınırlı kazanımlarla yetinip bu kısacık ömrü tüketelim ki? Toplayabildiğimiz kadar toplamaya, zevk alabildiğimiz kadar almaya, mümkün olduğunca galip gelmeye çalışmak mantıklı değil mi? Tabiatı anlayabiliyorsak bunun hiç de mantıklı olmadığını, kişisel hayatımızda fayda sağlar gibi gözükse de "netice" itibariyle hem kendimiz hem neslimiz açısından "kötü" bir şey yapmış olacağımızı hemen fark ederiz. Zira tabiattaki düzen "kaotik bir denge" üzerine kuruludur ve bu dengeyi bozan, bedelini ödemeye de hazır olmalıdır.

Tabiatı, tabiatımızı bilmek işte bizleri böyle garantili bir noktadan hayata başlatabilen en önemli bilgi alanlarının başında gelir. Çocuklarımızın eğitiminin her seviyesinde başta biyoloji olmak üzere bilimin ve kadim bilgeliğin ortak söylemlerini açıkça anlatmak ve göstermek, geleceğimize yapabileceğimiz en iyi yatırımdır. Sadece geleneksel söylemler veya sadece mantık veya bilim, bu etkiyi sağlamaktan uzaktır.

İhtiyacımız olan; deneyim ve bilginin birleşebildiği ortak zemindir.

MİZAH: GELİŞMİŞ BEYİNLERİN İŞİ

İnsan türü olarak en sevdiğimiz eylemlerden biri gülmek olsa gerek. Yapılan hesaplamalara göre sıradan bir insan, günde ortalama 17.5 kez gülme ifadesini ve gülmeyle ilişkili mimikleri sergiliyor.[20]

20 Martin ve Kuiper, 1999; International Journal Of Humor Research. 12(4):355-384

Bu erişkinlere ait bir değer. Çocuklar ise günde 400 kereden fazla gülüyor! Bu kadar yaygın bir davranış olmasına ve üzerinde neredeyse yüzyıllardır çalışılmasına rağmen hala neleri ve neden komik bulduğumuz bilimsel olarak pek açık bir mevzu değil. Fakat son yıllardaki işlevsel beyin görüntüleme çalışmaları, her alanda olduğu gibi beyindeki espri yakalama sistemi hakkında da ilginç bilgiler veriyor.

Komik dizi ve gösteriler ile yapılan beyin görüntüleme çalışmalarında, izleyenlerin "komik" buldukları sahnelerde beyinlerinin sol yarısındaki ön beynin alt bölümünün (inferior frontal korteks) ve arka şakak lobunun (posterior temporal korteks) "espri yakalayıcı" merkezler olarak görev yaptığını öğrendik.[21] Beynin sol tarafı genel olarak, dış duyulardan gelen bilgileri önceden kayıtlı deneyimlerle karşılaştırmak ve bunlara belirli, hazırlanmış tepkiler üretmekten sorumlu gibi gözüküyor. Mizah ise genellikle şaşırtıcı, sürpriz içeren ve beklentilere uymayan olaylarla ilgili olduğundan, araştırıcılar sol beynin yakaladığı bu "uyumsuzluk" verisinin, bizlerde gülme ve espriyi deneyimleme hissi oluşturduğunu düşünüyorlar. Araştırmacılara göre, beynimiz bu algılayıcı sistemler sayesinde espriyi yakaladıktan sonra, bunun duygusal bir deneyime dönüştürülmesi işini, insula ve amigdala gibi beynimizin duygusal işlevlerden sorumlu bölgeleri gerçekleştiriyor.

Elbette güldüğümüz şeyler sadece hareketli görüntüler değil. Sözlü şakalar ve "lafı gediğine koyma" durumları da oldukça hoşlandığımız espri türlerinin başında geliyor. Özellikle fıkralar ve ayaküstü gösterilerdeki metinler genellikle bu yeteneğimiz üzerine inşa ediliyor. Sözlü espriler muhakkak ki belli bir düzeyde dil işleme yeteneği gerektiriyor. Yani bu şakalardan keyif alabilmek, dinleyicilerin dildeki yetkinlikleri ile doğru orantılı. O sebeple bu özellikleri çok gelişmemiş olan çocuklar ve çeşitli beyin hasarlarından muztarip yetişkinler daha ziyade durum komikliklerinden hoşlanıyorlar.[22] Bekleneceği gibi, sözel şakalar beynin genellikle şakak (temporal) loblarını uyarıyor ve buradaki dil çözümleme merkezleri ile değer-

21 Ayrıntılı bilgi ve ileri okuma için: https://doi.org/10.1093/brain/awg226

22 https://www.sciencedaily.com/releases/1999/03/990325105542.htm

lendiriliyor. Yine özellikle beynin sol yanı, mantıksal uyumsuzlukları ve esprileri yakalamakta daha mahir gibi görünüyor.[23]

Mizahın genel olarak hoşumuza gittiği açık bir gerçek. Hoşumuza giden birçok şeyde olduğu gibi, mizahın beynimizde doğurduğu doğal sonuçlardan birisi de özellikle beynin orta bölgesinin faaliyete geçmesiyle (*mezolimbik yol* denen beyin devrelerinden) dopamin salgısının artmasıdır.[24] Beyindeki dopamin miktarı aynı zamanda komik hadiselere nasıl tepki vereceğimizi de önceden belirleyen bir habercidir. Örneğin, ruh halimizin pek iyi olmadığı durumlarda beynimizdeki dopamin miktarı da düşük seviyede seyreder. Bu yüzden her zaman güldüğümüz türden espriler bazen bize pek de komik gelmeyebilir. Zira esprilere gülebilmek, mutluluk hissedebilmeye uygun bir zihin yapısında olmamızı gerektirir. Bunları bir araya getirince, gülmenin kendimizi daha iyi hissetmemizi nasıl sağladığını biraz daha iyi anlayabiliyoruz.

Mizah Hücreleri: Beynimizde komiklikleri tespit eden bir başka ilginç sistem, ön beynimizde yer alan ve adına "iğ hücreleri" yahut "Von Economo hücreleri" denen özel hücrelerdir. Bu hücreler sadece insan, insansı maymunlar (İng: ape) ve balinalar gibi bazı gelişkin memelilerin beyinlerinde bulundukları için, üst düzey bilişsel özelliklerle ilişkilendirilirler. Şekilleri de alışılmışın dışındadır. İğ biçimli yapılarının yanı sıra, beynin uzak bölgelerine uzanan iki uzun dala sahip hücrelerdir bunlar.

Şimdiye kadar bu iğ hücreleri beynimizin sadece ön singulat, ön insula ve üst prefrontal korteks bölümlerinde bulundular. Araştırmalara göre bu özel biçimli hücreler, sosyal deneyimlerimizi beynimizin diğer bölgelerine iletmekle yükümlü gibi görünüyorlar. Duygusal bir uyarana maruz kaldığımızda bu iğ hücreleri son derece hızlı bağlantılarıyla beynin diğer tüm bölgelerinin bu duygusal girdiden gerektiği şekilde haberdar olmasını sağlamaktalar. Muhtemelen bu özel görevlerinden dolayı, sinir sisteminde en hızlı iletim yapan hücreler arasında ilk sırayı bu hücrelerin tuttuğunu görüyoruz.

23 Cogn Affect Behav Neurosci. 2011; 11(1): 113–130.

24 https://doi.org/10.1016/S0896-6273(03)00751-7

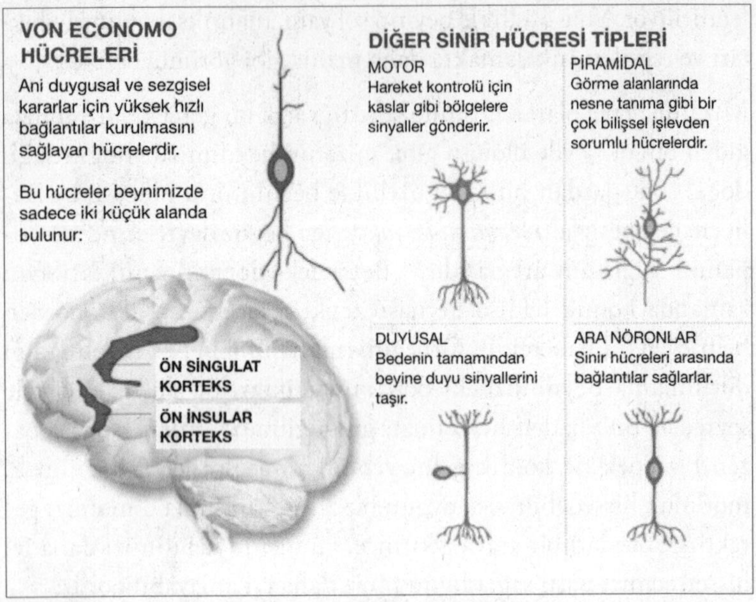

GÖRSEL 8: Von Economo hücreleri ve diğer sinir hücresi tipleri. Beynimizde yalnızca birkaç farklı alanda görünen bu hücreler, yüksek zihinsel işlevlerle ilişkilendirilir. Konumuz itibariyle, espriyi "yakalayan" sistemin önemli bir bileşeni de muhtemelen bu hücrelerdir.

Komik bir şey, bir espri söz konusu olduğunda muhtemelen "latifeyi" ilk tespit eden hücreler bu iğ hücreleridir ve aynı zamanda haberi her yere ulaştırarak beynin geri kalanının da espriyi anlamasını sağlarlar. Bu arada ilave bir not olarak, iğ hücrelerinin doğumdan sonraki ilk birkaç ayda gelişmeye başladıklarını fakat yaklaşık iki yaşımıza gelene kadar faaliyete geçmediklerini de hatırlatalım. Zira bu yaşlar, utanma, kızgınlık ve suçluluk gibi duygularımızın ortaya çıkmaya başladığı yaşlardır ve bu tip duygular için, sağlıklı çalışan bir ön beyin iğ hücre sisteminin varlığı gereklidir.

ERKEK VE KADIN ARASINDA KOMİKLİK FARKI

Erkek ve kadın beyinleri arasında espri işleme süreçlerinde de birtakım farklar olduğu düşünülüyor. Beyin görüntüleme çalışmaları, kadın ve erkek beyninde espri işleme sürecinin hemen hemen aynı devrelerle gerçekleştiğini gösteriyor. Fakat arada iki küçük fark var:

Kadın beyninde işlem, erkeklerinkinden daha uzun sürüyor ve sonunda ödül sisteminin aktivasyonu daha şiddetli oluyor. Kadınlarda genel olarak sol frontal beyin bölgeleri bilgiyi işlemek için daha fazla zaman harcıyor. Yani sinirsel olarak "daha ince eleyip sık dokuyorlar". Kısacası, kadınlar esprilere biraz daha geç fakat sonuç itibariyle daha kuvvetli bir tepki veriyorlar. Bu, özellikle iki yarım küre arasında yoğun bağlantılara sahip olan kadın beyni için aslında anlaşılabilir bir durum. Zira zıt beyin yarım küreleri arasındaki yoğun bilgi akışı, aynı yarım küre içindeki iletişime göre biraz daha fazla zaman alıyor.[25]

Bir başka fark ise esprinin kim tarafından yapıldığıyla ilgili gibi görünüyor. Erkekler, esprilerine gülünme açısından kadınlara göre belirgin oranda farklı görünüyorlar. Bazı araştırmalar, erkek bir anlatıcının erkeklerden oluşan bir gruba konuşurken, kadın bir anlatıcıya göre %126 oranında daha fazla pozitif gülme tepkisi alabildiğini gösteriyor.[26] Peki, bu neden böyle? Aslında biyolojik açıklaması oldukça sade: Tüm hayvanlarda kur yapma davranışları var ve bunların ezici çoğunluğunda marifetlerini sergilemesi gerekenler erkekler. Tavus kuşlarından penguenlere, aslanlardan geyiklere kadar tüm canlılarda bu "eş rekabeti" durumunun olduğunu duymuşsunuzdur. O nedenle genellikle erkek hayvanlar pek gösterişli bedenlere (renkli ve uzun tüylere, yelelere, kaslı bir bedene yahut gür bir sese vs.) sahiptir. Dişiler ise bu özelliklerden yoksundur. Zira erkeğin görevi kendini beğendirmek, dişininki ise en "uygun" eşi seçip onunla çiftleşmektir. İnsanda da benzer bir mekanizma iş görür. Fakat bizler beden olarak çok çıplak ve gösterişsiz olduğumuzdan, diğer tüm uyum mekanizmalarımız gibi "cinsel seçilim" özelliklerimiz de beynimizle alakalı zihinsel ve bilişsel becerilerdedir.

İnsanda sorun çözebilme ve zekâ üstünlüğü bu kıstaslar arasında en önlerde yer alıyor. Yani kadınlar erkekleri aslında en çok bu kıstaslara göre beğeniyor. (Tabii her zaman değil!) Zekânın doğal bir sonucu da espri yapabilmek elbette. Zira sosyal ortamlarda

25 https://doi.org/10.1073/pnas.0408456102

26 "The Humor Gap" (2012) SciAm SE 21, 2s, 66-73 doi:10.1038/scientificamericanbrain0512-66

tuhaf durumlara düşmeden espri yapabilmek ve insanları güldürebilmek, ortalamanın üstünde bir zekâ ister. Çünkü birçok parametrenin aynı anda hesaplanması, insanların rahatsız edilmemesi ve nihâyetinde istenen "gülme" neticesine ulaşılabilmesi gibi bir dizi zor görevin başarıyla yerine getirilebilmesi gerekir.

Kadınlar gerçekten de kendilerini güldüren erkeklerden hoşlanıyorlar ama erkeklerde böyle bir tercih göremiyoruz. Erkekler ise espri yapabilen kadınlardan ziyade "kendi esprilerine daha çok gülen" kadınlardan hoşlanıyorlar. [27] (Beylerin dikkatini celbetmek için şuh kahkahalar atan eski Türk filmlerindeki kadın tiplemelerini hatırlayın.) Bizdeki cinsel seçilim unsurları da diğer canlılardan biraz farklı olarak tarih içinde bu şekilde belirlenmiş gözüküyor. Muhtemelen o nedenle dünya çapında erkek komedyen sayısı kadınlardan çok daha fazla. Elbette bu mantıkla, sayıları toplamda hiç de az olmayan kadın komedyenlerin çok daha zorlu bir işi başardıklarını düşünmek de mümkün. Zira evrimsel kökenleri varmış gibi görünen bu varsayılan ayarlara rağmen herkesi güldürebilmek, söz konusu sanatçıların gerçekten çok iyi performans gösterdiklerine de işaret sayılabilir.

Elbette kadın ve erkek davranışları arasındaki bu tip farklılıkların hangisinin genetik, hangisinin kalıtsal[28], hangisinin yetiştirilmeye veya çevreye bağlı olduğunu ayırt edebilmek çoğu zaman imkânsız denebilecek kadar zor. Zira insan büyük oranda kültürel evrimi tarafından belirlenen bir canlı olduğu için bu farkların hangi kaynaktan geldiğini çoğu zaman net bir biçimde söyleme yolumuz yok. Fakat davranışsal çalışmaların istatistiksel olarak gösterdiği veriler, bize kaynağı ne olursa olsun, erkek ve kadın arasında belirgin bir davranış farklılığının varlığını gösteriyor. Bu farklar ayrıca tüm erkek ve kadınları bağlamıyor; sadece çok sayıda kişiye baktı-

27 Konuyla ilgili güzel ve detaylı bir okuma için: *Kadın Beyni Erkek Beyni* (Dr. Serkan Karaismailoğlu, Elma Yayınevi, 2015)

28 Genetik ve kalıtsal terimlerini özellikle ayrı kullanıyorum. Zira genetik, genler üzerindeki bilgilerle kodlanmış biyolojik yönergeleri kast ederken; kalıtım, hem genetik hem epigenetik (yani genetik bilgi tarafından kodlanmayan özellikler) hem de kültürel çevre gibi farklı bilgi ve deneyim aktarım yollarının toplu etkisini ifade ediyor.

ğınızda ortaya çıkan küçük istatistiksel farklar bunlar. Öte yandan bu tip farklar çoğu zaman bir tamamlayıcılık mantığı içerisinde erkek ve kadın arasında dağılmış gözükse de günümüzün kadın-erkek sosyal rol sorunları açısından bu verilerin sağduyulu bir şekilde yeniden ele alınması, sorunlarımızın çözümü için yeni imkanlar sunabilir. Kadın ve erkek arasındaki farkların benzerliklerden çok daha az olduğu; fakat aradaki bazı ufak farkların, eğer göz ardı edilirlerse kafamızı ciddi oranda karıştırabilme potansiyeli taşıdıkları da aşikar. Özellikle de bu farkların kadın ve erkeklerin toplumsal rolleri konusunda hızla değişen bakış açılarımız ve fikirlerimizle temas ettiği noktalarda durum biraz daha belirgin hale gelebiliyor.

NEYİ, NEDEN KOMİK BULUYORUZ?

Komedi ustası Chris Rock, neyi komik bulduğumuza şöyle yanıt veriyor: "Komik olmayan nedir, biliyor musunuz? Üzerinde düşünmek..." Neyin komik olduğunun açıklamasını yapmak, aslında bilimsel olarak o kadar da kolay bir şey değil. Gülme ve espri dendiğinde genellikle aklımıza filmler, ayaküstü gösterilerdeki güldüren diyalog yahut durumlar gelse de bunlar günlük hayatımızda gülmemizi sağlayan şeylerin küçük bir yüzdesini oluşturuyor. Araştırmalara göre günlük olarak güldüğümüz şeylerin sadece %11 kadarı bilinçli yapılmış komikliklere bağlı. Bunun dışında %72 kadar bir oranla bizzat kendimize ve etrafımızdaki insanların değişik durumlarına gülmekteyiz. Geri kalan %17'lik kısım ise medya kaynaklı komikliklerden oluşuyor.[29]

Sonuç olarak görüyoruz ki gülmek, oldukça karmaşık bir ifade biçimi. Platon ve Aristo gibi düşünürler, gülmenin sadece insana has olduğunu düşünmüşler ama bugün bunun geçerli olmadığını da biliyoruz. Freud gülmeyi "sinirsel enerjinin boşalması" olarak tarif ederken belki de kısmen haklıydı. Gülme refleksi, birçok sosyal amaca hizmet ediyor: Rahatlama, kaynaşma, sözsüz iletişim, üstünlük hissi vs... Fakat bunların hiçbiri, gülmeyi tek başına açıklayamıyor. Neticede evrendeki en karmaşık şey olan insan zihninin en gizemli çıktılarından bir tanesi de gülme refleksi gibi görünüyor.

29 Gottlieb, A. (2008). The science of humour. Intelligent Life.

Mekanizması ne olursa olsun, gülmenin nice faydaları olduğu hiç şüphe götürmez. Beynimize ve bedenimize kesinlikle iyi gelen bir davranıştır gülmek. Zihnimizi "gaza getiren" ödül sistemimizi faaliyete geçirir, kendimizi daha iyi hissetmemizi sağlar, içsel ağrı kesici olarak görev yapan hormonların salgısını artırır, böylece direnç ve ağrıya dayanıklılığınızı yükseltir... Hatta erkekler açısından kadınların gözünde "beğenilme ve seçilme" kıstaslarından önemli bir tanesini bile oluşturur.

ŞAKA YAPIYORSUN!

Günlük hayatta sıklıkla kullandığımız "Şaka herhalde?" yahut "Şaka yapıyorsun!" ünlemleri, "şaka" dediğimiz olgunun tabiatına da ışık tutar nitelikte. Düşünün, birisi size yapması gereken çok önemli bir şeyi yapmadığını tam son anda söylüyor. Ya da diyelim ki ofisinize gittiğinizde binadaki asansörler bozuk olduğu için iş arkadaşınızla birlikte 15 kat boyunca oflaya puflaya merdivenlerden çıktınız ve tam son kata gelince arkadaşınız (o meşhur fıkradaki gibi) "ofisin anahtarını arabada unuttuğunu" söyleyiveriyor...

Böyle bir durumda çoğu insanın tepkisi "Şaka yapıyorsun!" diye ünlemek olur. Neden mi? Çünkü gerçekten burası tam da şaka yapılmasına uygun bir noktadır. Çok çaba sarf edilip, tam sonuca ulaşılmak üzereyken bir anda sonuca ulaşmayı imkânsız kılacak minicik bir ihmalin varlığı ortaya çıkmıştır. Bunun bir şaka olması ihtimalini şiddetle arzularız çünkü bu bir şaka değilse, tam sonuca ulaşıp rahatlayacağımız sırada durum çok kötü bir hal almış demektir. "Şaka yapıyorsun herhalde?!" dediğimiz andaysa zihnimizde ilginç bir ikilem oluşur: Eğer şaka değilse, durum felakettir! Ama aynı zamanda (karşı taraftan cevap gelene kadar) zihnimizde bunun bir şaka olma ihtimalini de barındırırız ve bu bize umut verir. Bu iki ihtimalin zihinde aynı anda uyanması, bizde belirgin bir çelişki ve beklenti duygusu yaratır. Karşıdan ivedilikle bir cevap bekleriz. Eğer arkadaşımız o sırada "Anahtar burada, şaka yaptım!" diye cebinden anahtarı çıkarırsa, genellikle buna gülerek karşılık verir ve her şeyi tatlıya bağlayabiliriz. Fakat eğer aksi olursa, o belirsizlik yerini ciddi bir hayal kırıklığına bırakabilir. Eğer anahtar yanında olmasına rağmen arkadaşımız "şaka" işini biraz uzatırsa da bu sefer sonunda şaka olduğunu anlamamız dahi sinirimizi yatıştıramaz. Zira bu zihinsel çelişki ve beklenti aslında azap veren bir süreçtir ve muhtemelen arkadaşımız sağlam bir fırça yemeyi hak eder.

Şaka dediğimiz şaşırtmacalar, bu tip zihinsel çelişkiler oluşturup insanları rahatlatmayı ve güldürmeyi amaçlar. Fakat bu abartılı örnekte de görüldüğü gibi şakanın dozajını iyi ayarlamak oldukça hassas bir konudur. Rahatlatma, eğlendirme ve güldürme amacıyla planlanan bir "şaka", dozu biraz kaçınca sıklıkla tatsızlaşabilir. Böylece "eşek şakası" denen nahoş durumlar ortaya çıkar. Ama zihnimiz çelişkili bir durumdan fazla sıkıntı çekmeden kurtulursa, buna rahatlamayla ve genellikle gülmeyle karşılık verir.

ÇELİŞKİDEN KOMİKLİĞE

Komik bulma hali beynimizin "beklentilere aykırı" durumları yakalaması ve bu durumları "zararsız çelişkiler" veya "ihlâller" olarak nitelemesinden doğuyor gibi görünüyor. Mesela bir çocuk yürürken düştüğünde, düşen çocuk genelde ağlar. Fakat onu izleyen yetişkinler buna genelde gülerek karşılık verirler. Düşmek, aslında istenmeyen bir sonuçtur. Zarar vermeyeceği anlaşıldığında, bunu anlayanlar bu duruma gülerek karşılık verirler. Gördüğümüz yaklaşımın temel nedeni büyük olasılıkla topluluğu rahatlatmak ve "endişe edecek bir şey yok" mesajını topluluk içinde hemen yaymaktır. Zira gülümseme ve kahkaha, esneme gibi hızla yayılan, bulaşıcı davranışlardandır. Öte yandan mesela yaşlı bir insan yürürken düşerse, gözlemleyenler buna genelde telaş ve endişe duyguları ile karşılık verirler. Yaşlı birinin düşmesi çoğunlukla komik değildir çünkü o kişi bundan ciddi bir zarar görebilir. Hatta böyle bir duruma gülen kişileri "zalim" olarak algılama ihtimalimiz pek yüksektir.

Canınız sıkkınken birinin size espriler yapması yahut yanınızdaki insan veya insanların yerli yersiz gülmesi sizi iyice sinir eder, öyle değil mi? Aynen neşeli müziğin kederli insanları sinirlendirmesi gibi, mizah ve gülme de ancak kendini iyi hisseden insanların birlikte paylaşabilecekleri bir faaliyettir. Eğer ortamdaki "komik" meseleyi algılayamayacak kadar morali bozuk, üzgün veya kızgın birisi varsa, normalde kahkahalar hızla kesilir ve işler en azından o kişinin hali düzelene kadar ciddileşir.

Katıldığım bir amatör tiyatro gösterisinde sahnedeki komedyene laf atan ve amacının kavga çıkartmak olduğu aşikar olan bir beyefendi hepimizi son derece germişti. Fakat sonra onun da oyuncu ve her şeyin aslında bir mizansen olduğunu anladığımız anda, herkes gösterinin belki de en büyük kahkahasını koyuverdi. Zira rahatlamanın, gerginlik ne kadar yüksekse o kadar büyük ve patlamalı olması gayet normaldir.

Bir başka örneği, ayak üstü komedi gösterilerinde yapılan esprilerde görebiliriz. Çoğu komedyen, cinsellik veya ırkçılık içeren şakaları bu tip gösterilerde rahatlıkla sergileyerek izleyenleri gülmekten kırıp geçirebilir. Normal yaşantımızda duyacak olsak belki kızarak yahut utanarak tepki verebileceğimiz birçok şaka, böyle bir gösteri ortamında insanlara komik gelir. Çünkü onun bir şaka olduğunu, gösteriyi yapan komedyenin bunu bir "şaka" olarak yaptığını ve orada konuşulan konulara dair o anda "güvende" olduğumuzu biliriz. Yahut komedyen, belki bizim belki de yakınlarımızın her gün bilinçsizce yaptığı birçok günlük davranışı mercek altına alarak dalga geçer ve biz yine bunlara da gülerek yanıt veririz.

Günlük yaşamda bizi doğrudan hedef alacak böyle eleştiriler bizi sinirlendirirken, o tip ortamlarda, yine "güvende ve rahat" olmamız nedeniyle bunlar bize komik gelir. Bu etki "zararsız ihlâl" (*benign violation*) olarak da bilinir. Bir toplulukla birlikte izleyince bu etki daha da artar. Zira benzer esprilere gülerek, bulaşıcı bir etkisi olan kahkaha ve neşeyi hızla çoğaltabiliriz.

Bir başka örnekte, mesela bir komedyen sahnede yahut bir filmde aklından geçen sapıkça yahut canice bir fikri anlatırsa, biz buna güleriz. Burada gizli bir niyet varsa bile onun bize zarar verme ihtimali yoktur ve anlatım sırasında bir nevi "deşarj" duygusu hissederiz. Çünkü benzer düşünceler birçok insanın zihninden zaten geçip durmaktadır. Komedyenler bir yandan da bu gizli iç seslere hayat verip bizleri rahatlatma işlevini görürler. Neticede bazen kendimizi kaybedercesine güleriz ve "hep birlikte" birbirimize güvende, rahat, mutlu ve huzurlu olduğumuz mesajını vermekten büyük keyif alırız. Sosyal bir canlı olmanın en etkin olarak kendini gösterdiği yer bu tip komedi gösterileri ve toplu olarak izlenen diğer komedi eserleridir.

Önceden yaşanmış tehlikeli durumların etkisi geçtikten sonra hatırlanması da çoğu insanda komiklik duygusu oluşturur. Bir arkadaşım, arabayla dört takla attıkları kazayı anlatırken gözlerimizden yaşlar gelene kadar güldüğümüzü hatırlıyorum. Zira kaza sırasındaki ve sonrasındaki halleri o an için artık trajik değil bir hayli komikti. Kazanın etkisi çoktan geçmiş, kazada kimse ölmemiş yahut ciddi olarak yaralanmamış ve maddi hasar dışında pek dikkate değer bir hasar oluşmamıştı.

Tabii mesela Amerika'da üzerinden 100 yıl geçmiş de olsa 11 Eylül 2001 saldırısında ölenlerle ilgili yahut ne zaman gerçekleşmiş olursa olsun, insanî trajedi içeren herhangi bir meseleyle ilgili komiklik yapmaya kalkmak pek iyi bir fikir olmayacaktır. Çünkü bu tip olaylar "eskimez". Fakat "zararsız ihlâller", mesela kimsenin zarar görmediği kaza veya talihsizlikler, sonradan gülerek anılabilirler. Üzerinden ne kadar çok zaman geçerse olayları "komik bulma" derecesi de bir o kadar artar. Böyle bakınca gülme, aslında bu talihsizliklerden kurtulmuş olmaya bir nevi "şükür etme" gibi de düşünülebilir.

Özetleyecek olursak, bir olayı komik bulmamız için, zararsız olmak kaydıyla o olayın;

- Başkalarının düştüğü zor durumları anlatması
- Kendimizin içine düştüğü zor durumları betimlemesi
- Gizli niyet ve düşünceleri açığa vurması
- Geride kalarak etkisi geçen kötü bir olayın tekrar hatırlanması
- Söylenemeyeni söylemesi

- Beklentilere aykırı durumsal veya sözel sonuçlar üretebilmesi (punchline)
- İzleyen veya dinleyenlerde "zararsız ihlâl" duygusunu oluşturabilmesi gerekir.

Komedyen Gene Wilder bir mülakatında "Tatil yapacaksam drama çekerim ama cidden çalışmak istiyorsam komedi çekerim." demişti. Gerçekten de komedi "zor"dur. İnsanlar hemen gülmek, hemen espriyi anlayıp rahatlamak ister. Oysa ki dramalarda saatlerce hiçbir şey olmayabilir ve buna kimse itiraz etmez. İlk birkaç dakikada hiç güldürmeyen bir komedi filmini ise kimse sevmez. Komedi zordur çünkü birçok faktörün akıllıca ve karşıdaki insanlarla yeterli düzeyde empati yapılarak bir araya getirilebilmesi becerisini içerir. Eğitimli erişkinleri güldürmek daha da zordur. Zira çocuklar şapşal durum komedilerine gülerken, erişkinler zekâ ve derinlik ararlar. Mizah bu nedenle insanın en yüksek zihinsel ürünlerinden birisidir.

Aynen diğer bağlanma reflekslerimiz için bahsettiğimiz gibi, gülme ve kahkaha reflekslerinin de fizyolojik birçok eşlikçisi vardır. Bedenimize iyi gelen hemen tüm hormonlar, neşeli ve kahkahalı ortamlarda artar. Kısacası bu ortamlar bize "iyi gelir". Sadece bize iyi gelmekle de kalmaz; kendimizi çevremizdeki diğer insanlarla daha yakından bağlı hissettirecek, başta endorfinler olmak üzere birçok "iyi hissetme" hormonunun da salgısını artırırlar.[30] Bu tip bir hormon kokteyli, kendimizi rahat hissetme, gevşeme, stresi azaltma, dikkat, duygusal farkındalık ve öğrenme performansını artırma gibi birçok olumlu yan etkiye de kapı aralar.

ÖĞRENME VE DAVRANIŞ DEĞİŞİKLİĞİ İLE MİZAH İLİŞKİLİ Mİ?

Ders veya eğitim vermekle uğraşan herkes, sade ama komik bir esprinin[31] bile dinleyicileri rahatlattığını ve anlatılanları almaya

30 doi: 10.1523/JNEUROSCI.0688-16.2017

31 "Espri" terimi, Fransızca ve İngilizcede "ruh" anlamına gelen "spirit" kökünden gelir. Meselenin özü, ruhu ve ince noktası gibi anlamlar taşır. Türkçede unutulmaya yüz tutan "nükte" ve "nüktedan" kelimeleri ise biraz farklı bir tını

daha açık hale getirdiğini bilir. Yerinde yapılan espri ve şakaların öğrenmeyi artırdığı bilinen bir gerçektir. Özellikle öğrenme sürecinde elimizde bu kadar sihirli bir değnek varken bunu neden etkin bir şekilde kullanmadığımızı ciddi olarak sorgulamalıyız. Elbette herkes espri yapamaz ve fıkra anlatamaz. Fakat mesela, bir insanın samimi bir şekilde kendi eksiklikleri ile dalga geçebilmesi (ayak üstü gösteri yapan komedyenlerde sıklıkla gördüğümüz gibi) dinleyicileri hızla samimi ve rahat bir havaya sokacaktır.

İroni ve zararsız ihlâllere dayalı espriler, toplum davranışlarının değişmesi konusunda yadsınamaz bir etkiye sahiptir. Espri konusu olan davranışlar gülme reaksiyonu ile karşılanmakla kalmaz; bu davranışlar artık toplumsal hafızaya "bilinçli bir çelişki" olarak yerleşir. Mesela Cem Yılmaz'ın gösterilerinde zekice alaya aldığı muhtelif toplumsal davranış kalıplarının (mesela İngilizce konuşmaya çalışırken ağdalı bir dil kullanma zorunluluğu hissetme gibi), günlük yaşantımızda da sıklıkla dalga konusu olduğunu çokça gözlemleriz. Çünkü popüler bir komedyenin anlatıları sayesinde artık bu tip davranışlar bilinçli farkındalık alanına çıkmış ve çok insanın dikkatini çeker olmuştur. Böyle bir davranış kalıbıyla "dalga geçilebildiğini" ve bunun "komik" olduğunu gören bir zihin, elbette bu tip davranış kalıplarını sergilemekten uzak duracak ve böyle davranan insanları doğal olarak komik bulacaktır. Bu nedenle popüler komedi, toplumsal dönüşümü birçok sanat dalına kıyasla çok daha fazla tetikleyici bir potansiyele sahip olmalıdır.

Bu konuda yapılmış kapsamlı bir bilimsel çalışmadan haberdar olmasam da eldeki çalışma[32] ve deneyimlerden tahmin ediyorum

---

taşır ve bence "espri" ve "espritüel"den çok daha *nükteli* kelimelerdir. Nükte, Arapça "nakata" yani dokunmak-dürtmek (İng: *Poke*) fiilinden türemiş görünüyor. İnsanı ayıltan, hafifçe rahatsız eden ve güldüren vakalar için gayet uygun bir terim. "Noktadaki nükte" deyişi de bu açıdan daha derinlikli bir anlam kazanıyor.

32 Bu konuda son zamanlarda rastladığım detaylı bir değerlendirme, Prof. Caty Borum Chattoo ve Medya ve Sosyal Etki Merkezi (Center for Media & Social Impact - CMSI) tarafından derlenen "The Laughter Effect" başlıklı değerlendirmeydi. İnternetten aynı isimle aratarak bol miktarda bilimsel referans içeren bu açık dokümana ulaşabilirsiniz (son güncelleme tarihi: Ekim 2019).

ki mizahın bu gücü, özellikle küresel sinema ve eğlence sektörü tarafından çoktan keşfedilmiş olmalı. Komplo teorileri alanına girmeden, küresel veya ulusal çapta popülerlik kazanan birçok komedi ürününün aynı zamanda bir toplumsal dönüşüm aracı işlevi görebileceğini de göz ardı etmemek gerektiğini düşünüyorum.

Mizah ve komedi, sadece rahatlama ve mutlu hissetmeyi sağlamaz; öncelikle dikkat çekicidir. Dikkatimizi yönlendirdiğimiz zaman ise öğrenme ve o deneyimi zihnimizde anı olarak kaydetme sürecimiz başlar. Arabamızın anahtarını yahut gözlüğümüzü az önce nereye bıraktığımızı çoğu zaman bir türlü hatırlayamamamız bundandır. Çünkü o hareketi yaparken dikkatimiz orada değildi. Mizah ayrıca duyguları çok etkin bir şekilde harekete geçirir ki bu etki öğrenme sistemimizi en temelden etkiler. O nedenle bir saatlik dolu dolu bir komedi rutininden, yıllar boyu okulda öğrendiklerimizden çok daha fazla şeyi öğrenebilir; o esnada çok daha büyük farkındalıklar yaşayabiliriz.

Mesela Amerikalı komedyen George Carlin'in çevre ve inanç sorunlarına dair davranış kalıplarını alaya alan gösterileri vardır. Bu gösteriler Amerikan kamuoyunda tepkiler alsa da Amerikan zihninin dönüşümü ve özellikle Amerikan yaşam tarzının sürdürülebilirliği üzerine yaptığı eleştiriler sayesinde oldukça "ayıltıcı" etkileri olmuş faaliyetler olarak akıllarda ve kayıtlarda kaldı. Benzer bir etkiyi Türkiye'de 2000'li yıllarda Cem Yılmaz aracılığıyla deneyimlediğimizi söyleyebiliriz. (Faruk Eczanesi'nden, İngilizce konuşma takıntılarımıza; Türkler uzayda skecinden, kadınların özel hallerini ti'ye alan şakalarına kadar böyle birçok örnek var.)

Elbette bu etkiler her zaman pozitif olmuyor. Özellikle de sanatçı ve yapımcıların kendi zihinsel kodlarının, inançlarının ve ön yargılarının komedi aracılığıyla doğrudan kitlelere ulaştığı düşünüldüğünde, ortaya çıkan etkinin genelde oldukça karmaşık ve çok boyutlu olduğunu söylemek mümkün.

Komedinin bir başka etkisi, kürtaj, inanç-inançsızlık, politik tercihler, ırkçılık, cinsellik, gelenekler ve gündelik toplum psikolojisi gibi netâmeli ve karmaşık sorunlara balıklama dalabilme ve buralarda özgürce gezinebilme fırsatı yaratmasıdır. Komedi ve hiciv sanatının öldüğü veya ölmeye yüz tuttuğu toplumlarda, böyle büyük bir "çözüm ve çözümleme" fırsatı da elden kaçıyor demektir.[33] Öte yandan komedi, sosyal sınıf ve gruplar arasındaki engelleri yıkmanın en etkin yollarındandır. Paylaşmanın ve birlikte olmanın en iyi yollarından birisi birlikte gülmektir. Popüler medyatik komedi ürünlerinde bu etki çok daha bariz görünür. Normalde birbirleriyle hayat görüşleri hiç örtüşemeyecek hatta belki birbirleriyle muhtelif anlaşmazlıklar yaşama ihtimalleri olan kitleler, komedi sayesinde rahatlıkla aynı yöne bakıp aynı şeye gülebilirler. Sanat zaten genel olarak böyle bir işleve sahiptir. Fakat komedi, ideolojiye malzeme yapılması en zor araçtır ve bizi doğrudan, en derin, en savunmasız yerimizden yakalayan bir yapıya sahiptir. Mizah, ideolojiye malzeme yapılmaya her çalışıldığında marjinalleşir ve esas amacından sapar. Sadece "taraftarını" güldüren aşırı politize komiklikler, böyle bir araca yazık etmekten başka işe yaramazlar.

Günümüzde birçok popüler komedyenin "bitaraf olmaya çalışmakla" suçlanmaya başlanması, bu zehirli kutuplaşmanın maalesef kötü bir toplumsal reflekse dönüşmeye başladığını da gösteriyor. Halbuki komedi, diğer tüm sanat dalları gibi tüm insanlara hitap edebildiği kadar insanî ve evrenseldir. Aksi, onu sadece bir propaganda aracına indirgemektir.

Son bir örnek olarak, Türkiye siyaseti son otuz yıldır ciddi bir "politik mizah" sıkıntısı çekiyor. Siyasîlerin ve siyasî dilin sürekli gergin ve ciddi olması, insanımızı politik açıdan iyice yoruyor. Bu durum insanımızın karar mekanizmalarını bozarak her birimizi çok daha radikal inançlı ve aidiyet arayışında insanlar olmaya itebiliyor. Çünkü mizahsız bir dünyada kendimizi doğal olarak güvensiz hissediyoruz. "Zararsız ihlâllere" pek gülemediğimiz, buna fırsat bulamadığımız için tüm ihlâlleri ve beklentilerimi-

33 Türkiye'de 2010'lu yılların, benim bildiğim 1980 ve 1990'lara göre bu açıdan ciddi bir fakirleşme ile geçtiğini gözlemlemek mümkün. Nedenleri tek bir kaynağa bağlanamayacak kadar karmaşık olan bu sonuç, toplumsal gerginliklere en önemli katkıları yapan eksikliklerimizden birisi oldu; buna şüphem yok.

zin dışındaki olayları "zararlı" gibi algılayabiliyoruz. Dünyanın en çalkantılı dönemlerinden birisi olan İkinci Dünya Savaşı sırasında İngiltere'de yönetime getirilen Winston Churchill'in o gergin durumlara rağmen koruduğu espri anlayışı insanlığın toplu hafızasında halen yerini koruyor.[34] Ancak günümüz siyasetinde belki de bütün dünyada böyle rahatlatıcı olmuş bir iklimden hızla uzaklaşıyor gibiyiz.

OKULDA MİZAH?

İnternet çağında yaşıyoruz. Bilgi çok hızlı akıyor ve beyinler bu bilgiyi işlerken çok hızlı yoruluyor. Dolayısıyla bilgi alma amacıyla yoğunlaşma süremiz de oldukça kısalıyor. Klasik okul derslerinin ortalama 40 dakika kadar sürdüğü düşünülürse, bu kadar uzun bir süre boyunca özellikle de erken gençlik dönemlerindeki bireylerin konsantre olmalarını beklemek boş bir çaba oluyor.

Yapılan araştırmalar, konudan bağımsız olarak verilen bir derste gençlerin zihinsel yoğunluklarını koruyabilme sürelerinin ortalama 10 dakikanın pek altında olduğunu gösteriyor (fakat bir film yahut gösteri izlerken aynı çocuklar bazen saatlerce odaklanabiliyorlar). Bu ilk on dakika sonrasında dikkat düzeyi hızla düşüyor ve "kafa başka yerlere gitmeye" başlıyor. Halbuki elimizde anlatılacak birçok konu ve onlarca dakika zaman var... Bu durumun üstesinden gelmenin yolu ne olabilir derseniz, cevabım "mizahı kullanmak" olacak. Ders içeriğine akıllıca entegre edilebilecek mizah unsurları etkili olabildiği gibi, ders ortamından doğaçlama olarak üretilecek durum komiklikleri de dinleyicilerin dikkat düzeyini etkin bir biçimde hemen ilk baştaki dereceye yükseltebiliyor.

Dikkat, duygularla yakından ilişkilidir. Ayrıca beynin genel uyanıklık düzeyi de bir başka önemli faktördür. Espri (nükte) bu

---

34 Savaşın hemen sonrasında bir ayaküstü sohbet sırasında Başbakan Winston Churchill'in, kendisine "Winston sen sarhoşsun. Hatta tiksindirici derecede sarhoşsun!" diyen sosyalist milletvekili Bessie Braddock'a (veya başka bir rivayete göre ilk kadın milletvekili muhafazakâr Lady Astor'a) cevaben, "Tatlım sen de çirkinsin. Hatta tiksinilecek derecede çirkinsin. Ben yarın sabah muhtemelen ayılacağım ama sen hep böyle çirkin kalacaksın." diyebilmesi, oldukça sert ve cinsiyetçi olsa da mizahın vurucu etkisini gayet iyi anlatan bir örnektir.

açıdan çok verimli bir araçtır. Nükteler, zihni çelişkiye sokmaya, uyandırmaya ve ardından rahatlatmaya yarar. Bu da iyi bir komedi gösterisine katılmış herkesin bildiği gibi dikkati, motivasyonu, öğrenmeyi ve zihinsel performansı artırır. Bunların ötesinde aynı zamanda "sosyal bir ortam" olan okul sınıflarında gülme ve nüktenin etkileri, bireysel faydalarının çok daha ötesine geçer. Buraya kadar anlattıklarım göz önüne alındığında, mizahın sınıftaki olumlu etkilerini izah etmeye sanırım gerek kalmamıştır. Dolayısıyla, güldürürken düşündürmek ve öğretmek belki kolay olmayabilir ama biraz gülücükten sonra öğrenmek de anlamak da pek kolaylaşır.

SOSYAL BEYNİN TEHLİKELİ İCADI: YALAN

Aynen espri yapabilmek ve çelişkilere gülebilmek gibi, yalan da gelişmiş bir beynin doğal yeteneklerinden birisidir. Memelilerde, özellikle şempanze ve bonobo gibi zihinsel olarak daha gelişkin türlerde, diğer bireyleri kandırmak, onları yanlış yönlendirmek ve menfaat sağlamak amacıyla "hilâf-ı hakikat (gerçeğe aykırı) beyanda bulunmak" sıklıkla karşımıza çıkan bir davranıştır.

Mesela bir yerlerde yiyecek bulan maymunlar, alfa erkek kendilerini gördüğü zaman yiyeceği saklar ve orada yiyecek yokmuş gibi gelişigüzel dolaşmaya başlarlar. Alfa erkek görüş alanından çıkınca ise heyecanla yiyeceğe doğru giderler ve aslında böylece riskli ama menfaat sağlayan bir durum yaratmış olurlar. Bunun gibi birçok kandırma davranışı, canlılar âleminde sıklıkla rastladığımız temel stratejilerden birisidir. Üstelik beyinler büyüdükçe yalanın karmaşıklığı ve sıklığı da artar.

Hastaneye ziyarete gittiğinizde, ameliyattan yeni çıkmış arkadaşınıza "berbat görünüyorsun, rengin çok solmuş" demezsiniz. Burada yalan söylemek onu da sizi de rahatlatan, gerekli ve iyi bir çözüm yolu gibi görünür. İşleri kötü giden birine "Böyle giderse her şey daha da kötü olacak!" demenin genelde faydası yoktur. Onun yerine "Her şey yoluna girer, bunda da bir hayır vardır." demek, inanmasanız bile daha işlevsel ve hatta gereklidir. Ama bu da bir nevi yalandır zira (eğer farklı ve özel bir bilginiz yoksa) gördüğünüz ve bildiğiniz şeylerin zıddına bir çıkarımda ve vaatte bulunmuş olursunuz.

Asansörde size "Nasılsınız?" diye soran komşunuza dün akşam telefonda annenizle kavga ettiğinizi ve o nedenle moralinizin pek bozuk olduğunu yahut gece sıkı bir besin zehirlenmesi geçirip sabahlara kadar kustuğunuzu söylemezsiniz. Buna gerek yoktur, vakit kaybıdır ve "İyiyiz, sizler nasılsınız?" diyerek yalana baş vururuz. Sizi yemeğe çağıran dostunuz "Yemeği nasıl buldun?" diye sorduğunda nadiren gerçek düşüncelerimizi söyleyebiliriz. Yeni tanıştığımız birisi "Kaç yaşında gösteriyorum?" diye sorduğunda ise yalan söylemek bir zorunluluk haline dahi gelebilir. İnternette bir yazılım satın alırken veya bir yerlere üye olurken, bir açılır pencere içinde minik harflerle sayfalar dolusu yazıdan oluşan "kullanım koşulları" metninin altındaki "okudum ve kabul ettim" kutusunu tıklamak ise bu devrin en yaygın yalanlarından birisidir.

Kısacası yalan aslında işimizi hızlandırır, toplumsal olarak yararlı sonuçlar doğurabilir ve hayatta kalmamıza yardımcı olabilir. Elbette bu tip yalanlara "beyaz yalanlar" dendiğini de duymuşsunuzdur. Oldukça haklı bir niteleme. Bazı durumlarda (mesela ilk örnekteki hasta ziyareti gibi hallerde) bu tip yalanlar mecburi bile olabilir.

Oysa yalan, zihinsel olarak stres yaratan zorlu bir beceridir. Zira yalan, aldatmaktan veya gerçeği saklamaktan farklıdır: Bir gerçeği gizlemeyi ve onun yerine başka bir bilgiyi ikame etmeyi gerektirir. Bu nedenle zihni ekstra yoran karmaşık işlemlere ihtiyaç duyar. Öncelikle uydurduğumuz yalanın makul ve mantıklı olması gerekir. Dahası, zihnimizde ürettiğimiz ama gerçek olmayan o yeni durumu, gerçeğin asıl bilgisi ile yan yana ve birlikte aynı zihinde tutmamız gerekir. Hele ki "Dün akşam neredeydin?" sorusuna karşı yalan söylenecekse, koca bir akşamın, öncesinin ve sonrasının hem gerçek olaylar açısından hem de yalan için yeniden kurgulanması gereken detaylar açısından zihinde aynı anda tutulması gerekir. Bu gibi bir zihinsel çabanın maliyeti oldukça yüksektir ve insanı ciddi olarak sıkıntıya sokar.

Yalan makinaları dediğimiz aygıtlar, işte bu zihinsel stresin bedene yansıyan sonuçlarını ölçerek buradan yalanı tespit etmek için kullanılır.[35] Beyin görüntüleme teknikleri de kişinin yalan söylediği sırada beynindeki duygularla ilgili tüm alanların adeta panik içinde faaliyete geçtiğini gösterir. O nedenle yalan aslında ciddi bir stres kaynağıdır.

Yalan söyleme becerisi, aynen alet yapma yahut konuşma gibi, sosyal bir canlı olan insanoğlunun hayatta kalmasına yardım edebilecek yetenekleri sağlar. Fakat aynen diğer yeteneklerde olduğu gibi bunun da kötüye kullanılması gayet yaygındır. Hatta yalan, insanın sosyal hayatını en çok yaralayan, insanın başını en çok derde sokan maharetlerinden birisidir.

Yalanın beyindeki mekanizması her birimizi ilgilendiren ve kişisel hayatımızla yakından ilgili bir mesaj daha verir. Araştırmalar, küçük yalanlar söylerken bile beynimizin stres merkezlerinden birisi olan amigdalanın oldukça yoğun bir faaliyet gösterdiğini fakat yalanlar tekrarlandıkça bu faaliyetin azaldığını gösteriyor.[36] Yani yalan tekrarlandıkça, yalanların boyutu büyüse bile zihnimizde oluşturduğu stres azalıyor. Böylece "dürüst olmamaya" alışıyoruz. "Beyaz yalanlar" dahi bu amaca hizmet edebildiği için, dürüst kalmak istiyorsak yalan açısından kendimizi bilinçli bir şekilde sık sık kontrol etmemizde büyük fayda var.

Tabii ki her zaman en büyük yalanlar bizzat kendimize söylediğimiz yalanlardır ve bunlara alışmak için de yeterince vaktimiz olur. O nedenle, bu "öz-yalanlar" meselesine dikkatle ve incelikle bakmak belki de en önemli görevimiz.

---

35 Yalan makinaları farklı prensiplere dayalı birçok ölçümle, insan bedeninde yalan söylemeye bağlı olarak oluşan sıkıntı ve stres tepkilerini ölçmeyi amaçlar. En çok kullanılan tekniklerden birisi, genellikle parmaklara yerleştirilen metal plakalar aracılığıyla kaydedilen GSR (Galvanik Deri Yanıtı) sinyalleridir. Zihinsel stres, sempatik sinir sistemini uyararak (bir sonraki bölüm) deride mikro terlemelere neden olur ve bu da derinin elektrik iletkenliğini artırarak cihazdan bir sinyal alınmasını sağlar. Elbette bu yalana dair kesin ve tek kanıt değildir. Fakat yalanın oluşturduğu stresin bedene nasıl yansıdığını görmek için iyi bir araçtır.

36 Nature Neuroscience (2016) Cilt: 19, Sayfalar: 1727–1732.

İFA-4

DÜŞÜK STRESLİ
BİR YAŞAM

Dün geçti.
Yarın ise henüz gelmedi.
Ama ömrün olur da **yarın** gelirse,
onun nasıl olacağını tek bir şey belirleyecek:
Şimdi!

ZAMANDA ZIPLAYAN BİR ZİHİNLE YAŞAMAK

Bilim kurgu edebiyatının tartışmasız kralı Isaac Asimov, İmparatorluk serisindeki o insanı heyecandan koltuğuna çivileyen öyküleri, insanlığın bugünden yüz binlerce yıl sonraki olası bir geleceği üzerine kurgulamıştı. Asimov'un zihni, alışık olduğumuz genel bilim kurgu edebiyatındaki birkaç on yıllık yahut birkaç yüz yıllık ölçünün çok dışına, çok daha uzağına sıçrayabilmişti. Okuyucunun zihinsel sınırlarını zorlayacak kadar uzak bir geleceği tahayyül edebilen Asimov, aslında insan türüne özgü bir yeteneği çok başarılı şekilde kullanmaktan başka bir şey yapmamıştı. Bu özellik, çok ama çok geniş bir zaman algısıydı.

Zaman algısı, canlıların hayatta kalmasında çok önemli bir işleve sahip. Bu algı, insanla beraber "canlılık" âleminde çok garip bir boyuta taşınmış durumda. Canlıların bilinç farkındalıkları çeşitlendikçe, gözlemlerimize göre bu farkındalığın düşük olduğu durumlarda zaman algısı da daralmış oluyor. Birçok canlı, sadece çok kısa bir "şimdi" aralığında yaşıyor ve hayatını ancak çok yakın bir geleceğe ve çok yakın bir geçmişe uzanarak devam ettiriyor. Hayvanların bilinç farkındalığı -bütün gözlemlerden bildiğimiz kadarıyla- bize göre çok düşük düzeyde ve zaman algıları da oldukça dar. Ama insanın "ön beyin" dediğimiz çok gelişmiş beyin bölümünün özel devreleri ona anormal derecede gelişmiş bir zaman algısı yeteneği kazandırıyor.

Bu yetenek biyolojik olarak önemli faydalar sağladığı için vardır, bunda şüphe yok. Öncelikle adına insan dediğimiz bu pek zayıf canlının hayatta kalabilmesi için gelecek tehlikeleri öngörebilmesi, geçmişten ders alabilmesi, uzun dönemli planlar yapabilmesi, sürdürülebilir projeler üretebilmesi gerekiyor. Çünkü başka türlü hayatta kalması pek olası değil! Ama mesela bir koyunun yahut sineğin böyle detaylı ve geniş bir planlama sistemine pek ihtiyacı yoktur. Dolayısıyla sadece insanda olan bu ileri doğru zaman algısı, türümüzün çok uzun bir süreyi planlayarak bir şekilde hayatta kalmasını kolaylaştıracak önlemler almasına yarıyor.

Geçmişin hatırlanması ise yine aynı karmaşık zihnin özellikleri nedeniyle, insanın geçmişte edindiği tecrübeleri gelecekteki planları için bir malzeme olarak kullanmasını sağlıyor. Yani çok uzak geçmişe ve çok uzak geleceğe ulaşabilmenin temel faydası bu. Fakat bu yetenek aynı zamanda önemli bir dezavantaj da oluşturuyor ki bunu çoğu zaman fark etmiyoruz bile: İnsan zihni "şimdi"de, "şu an"da uzun süre duramıyor; sürekli olarak ya geleceğe yahut geçmişe sıçrayıp duruyor. Bu da onun "kusuru" değil, temel yapılanma ayarlarından birisi.

Çocuk büyüten, insanlara eğitim veren, birilerine bir şeyler anlatmaya çalışan herkes bilir: En büyük gayreti, insanları o anda anlatılan konuya odaklayabilmek, onları "şimdi ve şu anda" tutabilmek için harcarsınız. Çünkü insanların dikkati sürekli dağılır. Özellikle çocuklarda henüz ön beynin dikkat devreleri yeterince gelişmediği için, 10'lu yaşlara kadar odaklanma becerileri doğal olarak oldukça zayıftır. Üstelik şimdi içinde yaşadığımız internet çağında 5-10 dakikalık bir "dikkat toplama" bile aslında büyük bir başarı sayılıyor. Çünkü sadece çocukları değil, erişkinleri de oldukça derinden etkileyen ve performans düşüren bir sorun "şu âna konsantre olamama" hali.

Bilimsel çalışmalar insan zihninin şu anda kalmaya programlanmamış olduğunu bize defaatle göstermiş durumda. Mesela The New York Times gazetesinde 19 Mayıs 2017 tarihli bir haberde derlenen çalışmalar, bu açık gerçeği gözler önüne seriyor. Haberdeki bir yorum oldukça dikkat çekici: Biyolojik adı *Homo sapiens* yani "düşünen insan" olarak konan insan türünün aslında bir diğer adı da rahatlıkla *Homo prospectus* yani "geleceğe yönelik insan" olabilirdi. Zira geleceği düşünebilmemiz, gelecek için planlar kurabilmemiz bizi düşünen yahut bilge bireyler yapan belki de en önemli özelliğimiz. Sadece geleceği düşünmekle de kalmıyoruz; zihnimiz özellikle sıradan günlük problemlerle uğraşırken sürekli olarak gelecekteki olası durumların simülasyonları ile meşgul oluyor.

İster bir an sonrası olsun isterse binlerce yıl sonrası... Gelecekte olabilecekleri bu derece detaylı ve çok seçenekli olarak zihninde önceden tasarlayabilen, "simüle edebilen" tek canlı yine biziz. Bu sayede günlük faaliyetlerimizde beden hareketlerimizi gayet amacına yönelik, yumuşak ve verimli bir şekilde yapabilirken; uzak gelecekteki birçok olası duruma karşı da benzer şekilde tedbirler alabiliyoruz. Tabii bu yeteneğimizin hem sınırları hem de bazı dezavantajları var...

OLUMSUZLUK DEDEKTÖRÜ

Canlıların hemen hemen hepsinde gördüğümüz bariz ve yaygın bir korkma-kaçma tepkisi vardır, bilirsiniz. Mesela sokak kedilerinde bunu çok iyi görebiliriz. Normalde insanların büyük bir çoğunluğu sokak kedilerini sever, onları besler. Ama genellikle kediler, insan görünce hemen alarma geçme ve kendilerine yaklaşıldığında ise kaçma eğilimindeler. Doğadaki birçok canlı da aynı şekilde bilinmeyen, belirsizlik içeren durumlarda ilk seçenek olarak kaçmayı tercih eder. Neden? Çünkü biyolojik âlemde kural gayet basittir: "Kaçarsan daha uzun yaşarsın." Gereksiz risklere girmek birçok canlı için kazançtan çok kayıp anlamına gelir. Bir insanla ya da öngörülemez davranışlara sahip bir başka canlı yahut durumla karşılaştıkları zaman "Acaba bu iyi mi, kötü mü? Yaklaşayım da bir sınayayım..." diye daha az panik yapan kedilerin hayatının tehlikeye girme ihtimali daha fazladır ve genellikle bunlar pek uzun süre yaşamazlar. Bu nedenle önce tedbir olarak kaçma güdüsüyle hareket edenlerin hayatta kalma şansı daha fazladır. Ayrıca panik yapıp kaçan hayvanlar bu panik yapma özelliklerini genetik yahut davranışsal olarak yavrularına da aktarır. Böylece kaçma olasılığı yüksek yavrular, aynı şekilde daha fazla oranda hayatta kalır. Sonuçta doğal olarak zaman içerisinde "korkak" olanlar toplulukta sayıca baskın hale gelecektir. Bizler de aynı şekilde bu bilgi aktarımı nedeniyle, mesela âni ve yüksek şiddetli bir ses duyduğumuzda irkilir; refleks olarak, düşünmeden sesin geldiği yönün zıddına doğru hareket ederiz. Yani bizler de diğer birçok canlı gibi bu temel kurala tâbiyiz.

Önce olumsuzu düşünen zihin, olumsuza karşı hazırlık açısından daha avantajlı olacağından, zihnen geçmişe yahut geleceğe doğru uzandığımızda genel olarak önce olumsuzlukları yakalamak eğilimindeyiz. Sürekli geleceği düşündüğümüzde ise kendimizi "ya paramı kaybedersem", "ya sağlığımdan olursam", "ya beklenmedik bir şey olursa" gibi muhtelif endişeler içerisinde bulabiliriz. Modern dünyada dört bir yanımızı kuşatan reklam endüstrisi de bu korkularımızı bilmekte ve yaşlanma karşıtı ürünlerden tutun da bizi seksi, paralı ve güçlü yapacak her türlü prestij nesnesine kadar tonla şeyi bize böylece satmakta. Aslında bu durum biyolojimizden gelen doğal özelliğimizin istismara açık yapıya sahip olduğunu gösteren bir işaret. Bir cephede bunlar varken diğer cephede daha da fenası var. İleriyi düşündüğümüz her anda yani zihnimizin ileriye fırladığı her anda diğer hiçbir canlıda olmayan bir olayla karşılaşıyoruz; o da ölüm bilinci...

EN AĞIR YÜK: ÖLÜM BİLİNCİ

Öleceğiz ve bunu biliyoruz! Ne kadar genç ve sağlıklı, ne kadar güçlü ve güvende olursak olalım hepimiz bu açık ve çıplak gerçekle karşılaşacağımızın farkındayız. Eninde sonunda bir gün muhakkak bu kaçınılmaz son gelecek ve aslında onun bize hiç de uzak olmadığını biliyoruz. Bunun yanında adeta hiç ölmeyecekmiş gibi yaşamayı da becerebiliyoruz. Bildiğimiz kadarıyla bu açılardan da benzersiz ve yegâneyiz.

Diğer hiçbir canlının ölümü bildiğine dair bir kanıtımız yok. Sadece insan, ortada hayatı tehdit eden bir mesele yokken dahi -keyfi ne kadar yerinde olsa da- bu bilgiye sahip gibi görünüyor. Tabii ki bir de sürekli zihinsel olarak "zamanda gezinme" ve az önce bahsettiğimiz gibi olumsuzu yakalamaya öncelikli olarak ayarlanma durumumuz var. Beynimiz zamanda "ileriye" doğru fırladığında, karşısına çıkan ilk ve en belirgin endişe, ölüm endişesi oluyor. Dolayısıyla ölüm korkusu, insan olmanın içinde bulunan bir bilgi.

Bütün canlılar tehlikeyle karşı karşıya kaldıklarında sağ kalmaya yönelik hareket eder. Bu refleksler bizde de vardır ama ortada hiçbir tehlike olmamasına rağmen ölümden korkmak sadece insana aittir. Bu korku insan için başlı başına en önemli endişe kaynağıdır. Zaten adına endişe (anksiyete) dediğimiz şey de ortada belirgin bir tehlike ya da ona dair herhangi bir somut ipucu olmamasına rağmen ileriye yönelik olarak düşünsel bir korku ve sakınma tepkisi üretebilme becerisidir.

Diğer yandan zaman algımız o kadar uzun erimlidir ki çoğumuz sadece ölümümüzü değil, ölümümüzden sonrasını da merak ederiz. Canlılar âleminde hiçbir örneği olmamasına rağmen biz insanlar sonsuz yaşam arzusu ile adeta yanıp tutuşuruz. Sorulduğu zaman "Aman ne yapacağım sonsuza kadar yaşayıp?" diyerek entelektüel zihnimizin mekanizmalarını devreye sokabilsek de durum aslında söylediğimiz gibi değildir. Yaşımız kaç olursa olsun, ölüm hâlâ en belirgin korku ve endişe kaynağımızdır. O nedenle insanoğlu olarak bizler aslında için için ölümsüzlüğü ararız.

Ölüm düşüncesinin kendi iç barışımızla da bağlantısı vardır. Çünkü iç barışımızı sağlayabilmenin yolu, bu kadar girift bir ruhsal donanıma sahip olan insanın "yok olup gitme" gibi korkutucu bir düşünceyle baş edebilmesinden geçer. "Hepsi bu kadar" olmamalıdır. Kaçınılmaz olanı açıklamak ve mümkün olabilirse onu aşmak en temel dürtümüzdür. Onun için her birimizin aklından dönem dönem şu sorular geçer: Bu zihin, bu beden, bu "ruh" biz öldükten sonra ne olacak? Öbür taraf var mı, yok mu? Başımıza neler gelecek?.. Mesela milyarlarca yıl sonra Güneş sönecek ve dünya yaşanmaz bir hale gelecek diye bugünden plan yapan bilim insanları var. Yani zihinlerimiz o kadar ileri gidebiliyor ki tâ o zamanlardaki, kendi varlık dönemimizden çok sonraki sorunlarla bile meşgul olabiliyoruz. Sonra da tüm bunlarla uğraşabilecek zihinlere sahip olmak gibi garip bir durumdan muztarip hale geliyoruz. Bu ilginç zihinsel güç, sağladığı büyük avantajların yanı sıra aynı zamanda bireysel olarak çok da büyük bir yükü yüklüyor insana. Zihnimiz geçmişe döndüğünde -yine o meş'um olumsuzu seçme eğilimimiz nedeniyle- küçükken yaşadığımız olumsuz olaylar, travmalarımız, utançlarımız ve pek çok karmaşık hatıranın ağırlığı da karşımıza apansız dikiliveriyor.

Psikologlar ve psikiyatristler -özellikle psikanaliz süreçlerinde- çocukluk dönemlerine çok sık vurgu yaparlar, bilirsiniz. Çünkü o dönemlerde edindiğimiz deneyimler, sinirsel donanımımızın adeta içine işler ve bunlar ömrümüz boyunca davranışlarımızı yönlendiren bileşenler haline dönüşebilir. Deneyimlerimiz, bizim kim olacağımızı doğrudan belirleyen çok önemli parçalarımızdır. Bunu derinlerde bir yerlerde hepimiz biliriz ama iş bunları bilinçli olarak fark edip onlarla yüzleşmeye gelince, bu sefer birtakım derin sorunlarla karşı karşıya kalırız: Geçmişteki deneyimlerin özellikle bilişsel tarafları (nerede, ne zaman, nasıl, kimlerle meydana geldiği vb. konular) bilinçli olarak pek fark edemediğimiz şeylerdir. Bilincimizin dışında, dil ve düşünce alanlarımızın ötesinde depolanmış deneyimlerdir bunlar. Bizlere en çok duygusal değişimler halinde sinyaller ve işaretler verebilirler. Bundan dolayı bir uzman rehberlik ederek bizi oralara götürmedikçe, o anıların bize ne etki yaptığını fark edemeyiz. Bilincimizle oraya ulaştığımızda yani mesela çocukluk travmalarımızı fark etmeye başladığımızda ise onların bize nasıl etkilerde bulunduğunu görüp, iyileşme süreçlerinin tetiklenmesini kolaylaştırabiliriz. Birçok psikoterapi ekolü de zaten buna benzer yöntemlerle insanlara şifa vermeye çalışır.[37]

37 Travma denince insanların büyük kısmı "muhakkak iyileştirilmesi veya temizlenmesi gereken patolojik deneyimler" gibi bir anlam çıkarabiliyor. Fakat travmalar aslında olumsuz tecrübelerin bizde bıraktığı duygusal izlerdir. Bazen çok şiddetli ve belirleyici bazense son derece soluk ve belirsiz olabilirler. Bazı travmalar bütün hayatımızı etkileyecek ölçüde büyük bir duygusal yük ortaya çıkarttığı ve oldukça güçlü oldukları için bunları görmezden gelmek pek mümkün değildir. Fakat travmaları sihirli yöntemlerle "silivermek" de hem imkânsız hem de hatalı bir bakış açısının neticesinde oluşan desteksiz bir arzudur. Travmalar insan türü için aslında geliştirici ve ilerletici, öğretici deneyimlerdir. Tabii bir şartla: Dönüştürülebilmesi gerekir. Eğer usta bir rehber, koç, terapist veya psikolog ile üzerinde çalışılır, farkındalık geliştirilirse, travmaların yaşamın geri kalanı için faydaya dönüştürülebilmesi genellikle mümkün olur. Bu bağlamda, travmaları "silme" iddiaları da aslında bir yönüy-

Şimdi bu iki ucu bir daha düşünelim: Sürekli olarak zamanda zıplayan bir zihnimiz var. Ya gelecekten endişe ediyor ya da geçmişten gelen pişmanlıkları, dertleri önümüze taşıyor. Aslına bakarsanız bu koşullar altında insan olmak oldukça zor bir hal! İnsanın bu zorluğu, bu sıkıntıyı aşabilmesinin en önemli yolu ise zihnini "şimdi"ye, "şu an"a konsantre etmesi, içinde bulunulan âna odaklanabilmesidir.

İnsanoğlunun kazanmakta/yakalamakta en çok zorlandığı (ama aynı zamanda da içine en kolay girebildiği) beceri; anda kalabilme, şimdide olabilme becerisidir. Varlığının başlangıcından, en azından "medenî insanın" ortaya çıkışından beri de muhtemelen bu sorun bugün bizlerde olduğu gibi mevcuttu. Çünkü baktığınızda bütün dinî inançlar, ritüeller, pratikler; insanı dünya meşgalesinden, sürekli geleceğe yönelik gergin uğraşlardan uzaklaştırıp kendi içine döndürmek, kendi varlığını fark ettirmek, elindekilere şükrettirmek gibi hedeflere odaklanır. Bu gibi uygulamaların tamamının nihai hedefi, görünen o ki hangi zamanda ve hangi koşullarda var olursa olsun "yarın" ve "ölümlülük" endişeleri içerisinde kavrulan insanlara bir rahatlama alanı sağlayabilmek, bu geçici hayatı daha yaşanılabilir bir deneyime dönüştürebilmeye yardımcı olabilmektir.

MEDİTATİF ZİHİNLER

Son yıllarda Batı dünyası, bu konunun bilimsel açıklamaları üzerinde yoğun şekilde çalışıyor. Anda kalma ve yoğunlaşabilme becerilerini özel yöntemlerle geliştirmiş insanların beyinleri üzerine yapılan çalışmalar bize ilginç bilgiler veriyor. Bu tip deneyler için de genellikle en iyi adaylar, yıllar boyu meditasyon yapmış Budist rahipler. Tabii ki meditasyon ve meditatif zihinsel deneyimler sadece Budistlerin yaptığı pratiklerle sınırlı değil. Fakat bu rahiplerin meditasyon pratikleri uzun yıllar boyunca süren, çok inatçı ve

le yaşamda bizi daha yüksek ve ilginç noktalara çıkartabilecek basamakların ortadan kaldırılması anlamına gelir. Neyse ki bu "travma silme" meselesi sanıldığı kadar kolay ve mümkün değildir. Niyâzî-i Mısrî'den bir dizeyi de bu vesile ile tekrar hatırlayalım: "Derman arardım derdime, derdim bana derman imiş..."

standardize edilmiş pratiklerden oluştuğu için üzerinde bilimsel anlamda rahat çalışılacak bir zemine sahip.

Manastırlarda ömür süren Budist rahipler 20, 30 veya 40 yıl boyunca, oldukça standardize ve belirgin birtakım prosedürleri uygularlar. Bütün amaç meditatif zihin durumu dediğimiz düzeye yani ânın farkında olan ve düşüncelerinin zihni darmadağın eden kaosunu susturabilen bir zihin düzeyine ulaşmaktır. Belli bir süre boyunca pratikler ve disiplinli çalışmalar yaptıktan sonra bu tarz disiplinlerin birçok öğrencisi, adeta bir "şalteri açıp kapatır gibi" meditatif zihin durumlarına girip çıkabilecek düzeye erişir. Yani zihinlerini istemli olarak bir anda farklı bir duruma taşıyabilme becerisini olabildiğince geliştirirler. Bu, benzer pratiklerden geçen herkesin elde edebileceği bir beceridir aslında. Aynı zihin halleri, "kendini adama" şeklinde yapılan ve zihinsel "akış" dediğimiz özel bir duruma geçiren uğraşlarda da sıklıkla gerçekleşir. Bahsettiğimiz zihin durumu, mutluluğun ve yaratıcılığın da temelini oluşturması açısından ayrı bir önem taşır. Bu konuyla detaylı olarak ilgilenmek isterseniz, *Değişen Be(y)nim* kitabımdaki "Akış" bölümüne göz atabilirsiniz. Birçok insan ise hayatında böyle heyecan verici ve akışa geçirici deneyimler yaşamaktan mahrum olduğu için meditasyon teknikleri onlara bu anlamda oldukça fayda sağlar. Fakat Budist rahiplerin yaptığı türden pratikler, çok uzun ve zahmetli olduğundan elbette herkesin harcı değildir. Bunlar genellikle o hali yaşamak için kendini adamış kişiler tarafından uygulanabilecek kadar yoğun ve devamlılık gerektiren çalışmalardır.

Farklı kültürlerdeki birçok dinde, birçok başka oluşumda benzer uygulamaları görmek mümkündür. Ancak Budizm'de -özellikle Zen Budizmi'nin muhtemelen oldukça izole kalması, belli bir bölgeye has olması ve kendi içlerine kapalı bir sistemleri olması nedeniyle- yüzyıllar içerisinde çok daha standardize, daha düşük değişkenliğe sahip yani kişisel değişkenlerden daha az etkilenen özel bir birikim olmuştur. Bu durumun gözlemlenebilir olması da elbette çalışma gruplarında standardizasyonu seven bilim insanları için güzel ve aranılan bir özelliktir. Zira herkesin kafasına göre farklı uygulamalar yaptığı bir gruptan standart veriler üretmek imkânsıza yakın derecede çetrefilli olacaktır.

Stanford Üniversitesi'nden Richard Davidson'un öncülüğünü yaptığı bir araştırma grubu bu insanlarla uzun soluklu bir dizi çalışma yürütmekte. Yapılan çalışmalarda meditasyonun beyni nasıl etkilediği, beyinde nasıl değişiklikler yaptığı, uzun yıllar boyunca süren meditasyon pratiğinin insanı nasıl değiştirdiği konularında çok önemli veriler elde edildi. Diğer din ve kültürlerdeki uygulamaların aşırı farklılıklar göstermesi nedeniyle onlarda doğrudan böyle çalışmalar yapılamıyor. Ancak meditatif pratiğin genel mantığına baktığımızda bu bulguların aslında diğer bütün kültürlerdeki benzer pratiklerde uygulanabileceğini görüyoruz.

MEDİTASYONUN BEYNİMİZE ETKİLERİ

Daha evvel beslenme bölümünde insula adlı gizli beyin lobumuzdan bahsetmiştik. İnsula lobu tat ve lezzet alma duyusuyla, aynı zamanda iğrenme ve tiksinme duygularıyla da ilgilidir ama hepsinin ötesinde bu bölgede, bedenimizin içsel algısına dair bir "harita" bulunur. Yani vücudumuzun adeta iç haritası insula bölgesinde temsil edilir. Dolayısıyla araştırıcılar beyindeki insula lobunun, beden farkındalığının kontrol edildiği bir yer olduğunu düşünmektedir.

Meditasyon yapan insanlar sürekli olarak bir "içe dönüş" tâlimi yaptıklarından, beyin tarama çalışmaları sonucunda bu insanların insula loblarının normal insanlardan daha büyük ve kalın olduğunun görülmesi şaşırtıcı değildir. Beyinde bir bölgenin kalınlaşması veya büyümesiyse o bölgeyle ilişkili fonksiyonları kontrol kabiliyetinin artması, o bölgenin daha rahat kontrol edilebilir bir sisteme dönüşmesi demektir. İnsula lobundaki büyüme sonucunda, beyinde iç farkındalığı algılayan ve onu kontrol eden bir bölgenin de büyümesi söz konusudur.

Beynimizle ilgili temel bir kuralı bu vesile ile tekrar hatırlayalım: "Kullan ya da kaybet." Beynimizdeki devreler kullanıldıkça gelişir, kalınlaşır ve hızlanır. Bir başka deyişle o devrelerin aracılık ettiği işlevler daha otomatik, daha ustalıkla yapılabilir hale gelir. Kullanılmayan devreler ise tam tersine, zamanla zayıflayarak güçlerini ve çevikliklerini yitirir.

Şimdi bu temel bilgi ile meditasyon çalışmalarının sonuçlarını birleştirelim: Eğer içsel farkındalıkla ilgili bir deneyim yaşamıyor, bu konuda kendinizi (yani beyninizi) sistemli olarak eğitmiyorsanız neticede bu devreler yavaşça zayıflar ve anda kalma, dikkat kesilme, dikkati bir işten başka bir işe rahatlıkla çevirme, düşünsel dinginliği yakalama gibi konularda gittikçe daha çok güç kaybedersiniz. Fakat bu devreleri çalıştıran meditasyon, ibadet, akış, tefekkür, zikir gibi derin zihinsel deneyimleri tekrarladıkça, bunlara ait beyin devrelerinizi kuvvetlendirebilirsiniz. Böylece usta bir bisiklet sürücüsünün eforsuz bir şekilde bisiklet sürebilmesi gibi istediğiniz zaman bahsi geçen "dingin" zihin durumlarına geçebilmeniz gittikçe kolaylaşacaktır. Fabrika ayarlarımıza göre "bu an"da kalma konusundaki gelişkin devrelerin beynimizde bize hazır olarak sunulmadığını da düşünürsek, bu tip pratiklerin özellikle günümüzün şehirli insanları için ne denli önemli olduğu hemen anlaşılabilir.

Meditasyon gibi içe dönmeye yönelik hareketler üzerine yoğunlaşan insanların beyninde, insula bölgesindeki bu büyüme dışında başkaca değişimler de gerçekleşir. Bu kişilerin beyninin diğer birçok bölgesinde, özellikle de ön beynin "beyin kabuğu" dediğimiz kısmında bir kalınlaşma görülmektedir. Ön beyin, bizim "icra işlevleri" yahut "yüksek zihinsel işlevler" dediğimiz özelliklerimizi kontrol eden bir bölümdür. Bu kitapta da sıklıkla karşımıza çıkacağı gibi beynimizin aslında bizi insan yapan bölümü büyük oranda burasıdır. Buranın kalınlığının artması bize iradî olarak zihnimizi ve bedenimizi belli durumlara yönlendirebilme, algılarımızı kontrol edebilme, algılarımızın şiddetiyle oynayabilme, yani ağrıyı yahut acıyı istediğimiz kadar hissedebilme, şefkati istediğimiz kadar azaltıp arttırabilme gibi birtakım "isteğe bağlı duygudurum ayarlamaları yapabilme" tarzında imkânlar sağlamaktadır.

EN ÖNEMLİ SİLAHIMIZ

Orta yaşın üstünde, tecrübeli, tipik bir Budist rahip düşünelim. Genel haline, hareketlerine baktığımızda bir dizi ilginç karakter özelliği dikkatimizi çeker: Bu tipteki insanlar mütemadiyen gülümser, etiketleme ve genellemelerden olabildiğince kaçınır, anlamak için geniş bir zaman ayırır, geniş bir "kabul" hali içindedir, günlük işlerinde oldukça yavaş hareket eder, olayların bitmesini bekler, hemen hüküm vermekten imtina eder... Ne olursa olsun "hayırlısı olsun, bunda da vardır bir hayır" diyebilen, çoğu artık maalesef bize silik birer hatıra gibi gelen o (bazı) eski zaman insanlarımız gibi, değil mi?

Bu insanlar uyuşturucu madde etkisiyle tepkileri felç olmuş insanlar değildir. Peki, bu hale gelmeleri nasıl mümkün olabilmiştir? Aslında sadece, olayların anlık akışına konsantre olabildikleri ve ilerideki olası endişelere kapılmaktan kendilerini alıkoyabildikleri için oldukça sakin davranışlar sergileyebilirler. Bizim olaylar karşısında muhtelif sıkıntılar yaşamamızın temel nedenlerinden birisi ise olayların sonucunu hemen öngörmeye çalışarak "zihnimizi olası gelecek simülasyonları ile meşgul etme" aceleciliğimizden kaynaklanır. Her olayı otomatik olarak yargılama, etiketleme eğilimimiz sebebiyle bir şeyler ya iyi ya kötü, ya güzel ya çirkin, ya olumlu ya olumsuz olmak zorundadır adeta. Bilinmezlik ve tanımsızlık bizi alabildiğine rahatsız eder. Böyle bir zihin, sıklıkla birkaç adım sonra başına gelebilecek kötü şeyleri de düşündüğü için kendi gerginliğini arttırarak kontrolsüz bir panik reaksiyonuna girme riski taşır. Meditatif zihin durumu pratiklerinin "anda kalmayı" sağlayarak bu tip zihinsel panik hallerini, gerginlikleri ve endişeyi azaltması o nedenle oldukça anlaşılır bir sonuçtur.

Peki, ne yapalım? Hepimiz tekkelerde halvetlere yahut manastırlarda turuncu entariler giyip meditasyonlara mı dalalım? Gerçi fena olmazdı belki ama pratik hayatın ihtiyaçları içinde bu sorunun cevabı elbette ki "hayır" olacaktır. Öte yandan insanların çoğunun aslında bu kadar derinleşmesine gerek olmayacak kadar kolay ve herkese açık yöntemler de mevcuttur. Meselemiz, "normal" hayatımızı anormalliklerden arındırarak daha "tabii" bir yöne çevirmenin yöntemlerini keşfedebilmek... Bu tip uç örnekler de bu anlamda bize önemli bir şeyler fısıldıyor:

Özellikle şehirlerde yaşayan günümüz insanının -daha sonra bahsedeceğimiz stresle alakalı bir sürü konuda- en önemli silahı; stresi yönetebilme, anda kalabilme ve anda kaldığı anda da yaratıcı olabilme becerisidir. Eğer insanlar bunu öğrenebilirlerse -ki yöntemleri çok muhtelif ve kolaydır- bugün ölüm sebeplerimiz arasında en başlarda gelen strese bağlı rahatsızlıklar ve enteresan bir şey yapıp da kendini gerçekleştirememekten dolayı içine düşülen depresif durumlar, hızla ortadan kalkacaktır.

İNSANI KENDİ BAŞINA BIRAKIRSAK NE OLUR?

İnsanoğlu, en son fabrika ayarında detaylarıyla konuşacağımız gibi "sınırlarını aşabilen" tek varlıktır. Hatta bu sadece bir yetenek de değildir. İnsan, biyolojik ve kültürel olarak içinde bulunduğu sınırları aşmak "zorundadır". Bu zorunluluk, her birimize temel bir güdü olarak yerleştirilmiştir. Eğer bu güdümüzden uzak durur, sınırlarımızın içinde konforla yaşamayı tercih edersek zamanla sıkıntı, sıkışmışlık ve bunalım hisleri gelip bize musallat olacaktır. Ayrıca bizzat bu "sınırları aşma" yeteneği (yahut mecburiyeti) sebebiyle de insanoğlu "rehberliğe ihtiyaç duyan" tek canlıdır. Yani ne yapacağının, hangi sınırını ne yönde aşması gerektiğinin ona "söylenmesi" gerekir. İnsanın bu zihinsel ve iradî gücü, kendisine ve "terkibine" uygun bir amaca döndürülmek zorundadır. Aksi takdirde insanoğlu, milyonlarca örnek vesilesiyle çok iyi bildiğimiz gibi hem kendisi hem insanlık hem de tüm dünya açısından ciddi bir baş belası olma riskini de benliğinde taşır.

Her canlı grubunun milyonlarca yıllık canlılık süreci boyunca incelikle şekillendirilmiş, kendine has ve yaşadığı ortamlara en uygun davranışları sergileyerek hayatını sürdürmesini sağlayan bir dizi "donanımı" vardır. Bizim de benzer şekilde, ileri düzeyde gelişmiş bir zihinsel donanımımız var. Bu zihinsel donanımın pek çok avantajı olduğu için genellikle bazı bariz dezavantajlarını gözden kaçırmamız da kolay oluyor. Mesela bizi insan olarak farklı kılacak müthiş işleri becerebilmek için kalmamız gereken bir "şimdi" var. Bu donanım, dezavantaj olarak bizi "şimdi"den sürekli uzaklaştıran bir garip donanım. O nedenle dikkat odağımızı sürekli geçmişe yahut geleceğe sürüklüyor.

Adeta otomatik odaklama sistemine sahip olup da fotoğrafını çekmek istediğimiz nesneye odaklanmayı bir türlü beceremeyen birer dijital kamera gibidir zihinlerimiz. Bu aşikar "fabrika ayarımızın" farkına vardığımızda "şimdi"ye çalışmanın, "şimdi"de kalabilecek yetenekleri geliştirmenin ne kadar elzem olduğu da kendiliğinden ortaya çıkar.

"AN FARKINDALIĞI" VE "CARPE DIEM" ARASINDAKİ FARK

İnsanlara "anda kalma" ile ilgili öğütler vermeye başlarsanız sıklıkla şöyle sorularla karşılaşabilirsiniz: "Ne yani, geleceği düşünmeyelim mi? Günümüzü gün mü edelim? Yarın yokmuş gibi kafamıza göre mi takılalım? Sadece ânı mı yaşayalım?" "Şimdiye odaklanmak" denince bu tip düşünceler hemen akıllara üşüşmeye başlar. Ânı yaşamakla anlık yaşamak arasında oldukça belirgin bir fark olmasına rağmen bizler bu farkın bilincini kaybetmiş gibiyiz. "Günü yaşa" anlamındaki "carpe diem" deyişi, birçok insan tarafından maalesef bu düzeyde anlaşılabiliyor. Halbuki ânın farkında olmak, bizi gelecekteki olası "yanlış etiketleme" hatalarından, gereksiz endişelerle gerginliklerden ve zihinsel, sadece bize ait olan sübjektif korkulardan korur. Bu sayede şu ânın hakkını vererek elimizdeki işi çok daha verimli bir şekilde kotarabilir, gelecekteki durumlarla çok daha güçlü şekilde hemhâl olabiliriz.

Bu satırları okurken bile birçoğumuzun zihni sürekli oraya buraya savrulur. Hatta bazen okuduğumuz birkaç sayfayı tekrar okumak için geri döner, sonra aslında gözlerimizin o satırlarda gezdiği sırada aklımızın hiç de orada olmadığını, okuduğumuzdan tek bir kelime dahi almadığımızı şaşkınlıkla fark ederiz. İşte an farkındalığı, anda kalmak, farkında olmak, kitap okurken okuduğumuz her kelimeye hakkını vermek, yazarken veya konuşurken yaptığımız işten gayrı bir şeylerle kafamızı ve bilincimizi boşuna meşgul etmemeyi başarabilmek demektir. Anı yaşamak, umarsızlık veya aylaklık değildir. Tam tersi, yaşamın paha biçilmez her bir anına hürmeten dikkatle vermemiz gereken bir mesaidir. Zihnimizin ve bedenimizin gelişimi, ancak bu mesai verimli kılındığı zamanlarda edinilen deneyimler sayesinde mümkün hale gelir. Farkında olmadan geçirilen, gelecek endişeleri için harcanan her an, ömürden kaybolmuş, aslında yaşanmamış zamanlardır.

Diyelim ki iş yerimizden eve gideceğiz ve evde yemek yapmamız gerekiyor. Bu nedenle eve giderken markete uğramamız ve bir şeyler almamız lazım. Fakat şu anda, henüz eve doğru yola çıktığımız yahut markette olduğumuz anda değiliz. Ancak bu planlama, ileri zaman algısı sayesinde yoldan markete doğru yön değiştirmemizi, markete girip planladığımız alışverişi yapabilmemizi sağlayacak. Eğer gelecekle ilgili tutarlı planlar yapmak istiyorsak yine şu anda kalabilen bir zihne ihtiyacımız var. Eğer durum böyle değilse, mesela bu ihtiyaçlarımızı biliyor olmamıza rağmen ev yoluna çıkıp markete gitmeyi ve yapacağımız yemeği unutuyorsak, aklımıza bu "görevimiz" yani "yemek yapma işimiz" geldiği sırada aslında o anda değil, başka hülyalı bir âlemdeyiz demektir. Ev yolundayken artık geçmişte kalan o planlama anında eğer gerçekten "anda" olabilseydik, beynimizin geleceği planlama devreleri de güçlü bir şekilde çalışacak ve ileriye yönelik bu hareket planı, yolda giderken bizi yönlendirebilecekti. Yani gördüğünüz gibi geleceğe yönelik planlarımızın başarılı olabilmesi de büyük oranda anda kalma becerimizin gelişmişlik düzeyiyle orantılı.

GELECEĞİ HATIRLAMAK

Çoğumuz yolda bir yerden bir başka yere giderken, neredeyse çevremizdeki hiçbir şeyi görmeyiz. Etrafımızı dolduran milyarlarca olay ve detay, bizim için adeta görünmezdir. Dikkatimiz o anda neredeyse, ancak onları algılayabiliriz ve dikkatimiz gerçekten de çapı çok ama çok dar bir spot ışığı gibidir. Karanlıktaysa ancak onun aydınlattığı yeri görebiliriz.

Bir yola çıkınca, yolun sonunda varacağımız yeri yahut çoğunlukla o seyahatle uzaktan yakından ilgisi olmayan başkaca bir şeyleri düşünmeye yöneliriz. Zihnimizin spot ışığı, orada olmayan bir şeylere yönelir. Geçmiş yahut gelecekteki çeşitli kurgularla uğraşmaya başlarız. Beynimiz bunu otomatik olarak yapar ve dikkat etmezsek bu durumu fark edemediğimiz için, o ânı yaşayamayız.

Peki, o yolda neler çıkabilir karşımıza? Belki o sırada hayatımızın aşkı olabilecek kişi yanımızdan geçiyordu? Belki şimdiye kadar hiç görmediğimiz çok değerli bir eserle karşılaştık? Belki yıllardır aradığımız bilinç dışı bir sorumuzun cevabı ile burun burunaydık? Elbette bunların hiçbirini bilemeyiz. Ama "o anda ve orada" olamadığımız her durumda inanılmaz fırsatlar kaçırıyor olma ihtimalimiz çok yüksektir. Ayrıca çok büyük tehlikelerden de haberimiz olmadan kurtulma, ecelimizle kaç kez yüz yüze geldiğimizi bile fark etmeme durumumuz da var. Neticede -fırsatları görmek açısından- her anı değerlendirmek, o anda olmak çok önemli bir artıdır. Orada olamadığınızda, orada olanları ve size sunulanları da fark edemezsiniz.

Şimdi biraz önceki yemek yapma senaryomuza dönelim: Diyelim ki artık bir parktan geçerek evimize doğru yürüyoruz. Eve doğru giderken o anın içindeyiz ama aynı zamanda insan olduğumuz ve sürekli geleceği simüle eden bir zihnimiz olduğu için nereye gittiğimizi de gayet iyi biliyoruz. Bu farkındalık halindeyken, bir süre sonra varacağımız yerde (evimizde) eğer yemek yapmamız gerekiyorsa, bu yolu izlerken yol üzerindeki markete uğramayı da unutmayız. Çünkü o plan, geçmişte yapılsa da bizim için o ânın doğal bir parçasıdır. Zira "an farkındalığı" o sürecin neye doğru ilerlediği kadar bizim nereye gidiyor olduğumuzla da ilgilidir. Sarhoş gibi gezmiyoruz; o anın içinde, geçmiş ve gelecekten kopuk, kayıp bir zaman diliminde askıda da değiliz. Genişlemiş bir "şu an"dan bahsediyoruz. Bildiğiniz gibi insan zihninin "şimdi"si aslında oldukça geniş bir "şimdi"dir.

Bu sefer de bir ressamı resim yaparken düşünelim. Sadece boyayı sürdüğü tuval alanını görse, zihni de tamamen o anda ve anlık olarak orada olsa hiçbir eser ortaya çıkaramazdı. Böyle bir durumda her bir fırça darbesi, bir öncekinden bağımsız anlarda, alakasız ve rastlantısal birtakım lekeler ortaya çıkarırdı. Elbette bir ressam resim yaparken kullandığı her bir fırça darbesiyle belki beş gün, belki beş yıl sonra bitecek olan o nihai tablonun en uygun yerine, en uygun renkleri uygulamakla meşguldür. Ressam, her bir fırça hareketinde tam olarak orada ve o anda olmalı; bunu yaparken de resmin tümünü o ânın içine her an katabilmelidir. Üstelik ressamın sadece bunu sağlaması da yetmez. Resim ilerlerken kullanacağı birçok teknik ve hareket, daha önceki tecrübelerinden öğrendiği, ustalaştığı geçmiş davranış örüntülerini de başarıyla devreye sokmasını gerektirir. Bir başka deyişle, zihninin bir yanı gelecekteki hedefe kilitlenmişken, diğer bir yanı heybesindeki tecrübelerden en uygunlarını seçerek kullanmakla ilgilenmelidir. Akış halindeki an deneyimi ise sırf o âna özgü, yepyeni ve tekrarsız yaratıcı hamlelerin icadıyla meşguldür. Kısacası **böyle bir insanın "şimdi"si geçmiş, gelecek ve şimdiyi tek bir odak üzerinde birleştirebilen, genişlemiş bir "şimdi"dir.**[38] Eğer şu anda bu satırları okurken geçmiş deneyimlerinizle karşılaştırıp geleceğe dair yeni çıkarımlar yapabilen odaklanmış bir haldeyseniz, siz de benzer bir zihin durumunu yaşıyorsunuz demektir.

İleri farkındalık düzeyine sahip insanların -belki tanıdığınız öyle insanlar vardır- yaptıkları her türlü minik ve önemsiz görünen davranışları dahi büyük anlamlar taşır. Bu tip hareketleri bile aslında onların bütün ömürlerini kapsayan, varlıklarının amacıyla ilintili devasa bir örüntünün küçük ama önemli parçaları olarak kocaman bir "şimdi"nin parçasıdır. İçinde bulundukları durum ne olursa olsun, nihai amaçlarının farkındalığıyla birlikte şimdiki ânı yaşayabilen insanların tüm davranışları, kendilerini o amaca götüren bilinçli yahut yarı bilinçli basamaklara dönüşür. Böyle genişlemiş bir bilinç, rehber ihtiyacını dahi ortadan kaldıracak kadar güç ve bilgelik içerir.

Rahmetli dedem küçüklüğümüzde bizlere sıklıkla "Yolda duran ufak bir taşı başkalarına engel olmasın diye alıp kenara kaldıran, cennetliktir." diye hatırlatırdı. Böyle öğüt ve uyarıların gerçek an-

38 Böyle bir akış veya şimdi bilincinin doğurgan olduğuna da ilaveten dikkatlerimizi çekmek isterim. Bir ressamın resmi baskı yapan bir dijital yazıcı gibi çalışmaz. Yani sadece zihnindeki imgeyi bire bir tuvale kopyalamaz. Anda Akış'a geçen zihin, keşfetme ve yaratma süreçlerinin de tetiklendiği bir vasat oluşturur ve genellikle sanatçının zihnindeki soyut imgeler, o yaratıcı süreç sayesinde çoğu zaman sanatçıya da hayret veren bir esere dönüşebilir.

lamlarını yahut fasıllarını, büyüdükçe anlayabiliyorsunuz. Sizin yoldaki taşı kaldırabilmeniz için yoldaki taşın meydana getirebileceği olumsuz olasılıkları fark edebilen bir zihin açıklığına sahip olmanız gerek. O tek bir taşın ehemmiyet vermeden geçilecek gereksiz bir detay olmaktan her şeyi etkileyebilecek bir unsur, bir engel veya fail haline dönüşmesi, ancak an farkındalığına sahip zihnin becerebileceği bir kavramsal dönüşümdür.

Bu zihinsel donanıma erişmiş kişi "kelebek etkisi" denen o meşhur etkiyi ismen bilmese bile, hissedebilir.[39] Bunu hissedebilmek için de insan o anda orada olmalı, yolu ve taşı görebilmeli, gelecekte o yoldan geçecek olanlara o taşın ne gibi sorunlar yaratabileceğini tahayyül edebilmelidir. Tüm bunlarla birlikte yaşadığı farkındalığın sorumluluğunu yerine getirebilmek için de davranış motivasyonunu ortaya koyabilecek bir bilinç düzeyine sahip olabilmelidir.

Eğer bunları yapabiliyorsanız, o taşı tutup yoldan kaldırırken, o sonsuz olasılıklar denizinde bir şeyleri daha iyiye çevirmiş olabileceğinizin bilinciyle bütün ömrünüze hatta kâinatın ömrüne yayılmış bir "şimdi farkındalığı" yaşıyorsunuz demektir. Böyle hallerin neticesinde, gerekenin yapılmasının ardından hissedilen tamamlanmışlık duygusu da bu tarz bir farkındalığa içkin ödüllerden biridir. Belki de kültürümüzde "şükür hali" dedikleri hal, buna karşılık geliyordur.

Bahsettiğimiz farkındalık düzeyleri biraz anlaşılmaz ve karmaşık görünse de aslında her şey şu âna konsantre olmakla başlar. Bu yolda ulaşılabilmesi için takip edilmesi gereken zor ve detaylı basamaklar yoktur. "Şimdi burada olma" devrelerini güçlendirecek basit egzersizler gayet yeterlidir. Tabii ki bu minik çabaların süreklilik arz etmesi gerekir. Çünkü bu farkındalığın insanda sürdürülebilir şekilde yerleşmesi hemen olacak bir iş değildir. Aynı zamanda bu farkındalığın insanda tatmin duygusunu artıran, artık bırakılması, onsuz yaşanması çok zor olan bir yönü olduğu muhakkaktır...

---

39 Bkz. *Kimsenin Bilemeyeceği Şeyler*, S. Canan, 2015.

"OLMAK" VE "ŞİMDİ"

Emeklilik tabiatta olmayan ve bizim icat ettiğimiz bir şeydir, biliyorsunuz. İnsanlar aslında mecburiyetler doğrultusunda bulundukları, sırf maddî karşılığı sebebiyle zamanlarını vererek yaptıkları işlerden belli bir süre sonra emekli olurlar. Halbuki sanat, fikir, düşünce, bilim veya hayatınızı adadığınız bir uğraştan "emekli" olamazsınız. Bu tip uğraşlar genelde ölene kadar devam ederler. Çünkü onlar bu tarz zihinsel üretimle, mesaiyle yapılan işler değildir; dâima "şimdi" üzerinde yapılan keşif ve inşa süreçleridir.

Kendimden rahatlıkla örnek verebileceğim bir durumdur bu: Laboratuvarda deneyler yaptığım asistanlık yıllarımdan dersler, konferanslar verdiğim şu yıllarıma dek çalışma esnasında veya konuşurken, öleceğimi bile hiç hatırlamam. Derdim tasam vardır elbet ama aklıma hiç gelmezler o arada. Hasta olsam ağrı sızı dahi hissetmem. Mesela soğuk algınlığım varsa bile o meşguliyetim bitene kadar kendimi gayet iyi ve yeterli hissederim. Bazen günde 8-9 saat konuştuğum zamanlar olduğunda, son ders veya konuşma bitip de rahatça bir yere oturmadan ne yoğunluğumu ne de varsa hastalığımı yahut ağrı sızımı hissederim. Çünkü konuşma, anlatma ve araştırma halleri benim için Akış vesilesidir. O Akış sırasında beynim, Akış tecrübesi yaşayan diğer tüm beyinlerde olduğu gibi genişlemiş bir şimdiye odaklanır. O anda öncelikli olarak gündemimde olması gerekmeyen her şeyi de bir kenara itebilir. Bu aslında tam bir konsantrasyon halidir. Umarım sizlerin de hayatlarınızda böyle "kendinizi unuttuğunuz" bazı meşgaleleriniz vardır!

Bu tip meşgaleleri olan insanlar 150 yıl dahi yaşasalar bu hallerini terk edemezler. Zihin ve beden güçleri yettiği sürece de durmadan işlevlerini yapmaya devam ederler. Bildiğimiz meslekler yahut "mesaili işler" ise bunun tam tersidir. Mesaiye çoğunlukla akşam bitireceğimiz saat için başlarız, o nedenle mesai saatleri genelde sıkıntı ve boşluk hissi içinde geçer. Belki de bütün günlük mesaiyi akşam paydosunun, bütün haftalık çalışmayı hafta sonu tatilinin, koca bir yıllık işimizi 15-20 günlük yıllık iznin özlemiyle geçirenlerimiz şimdi bu satırları okuyordur? Böyle bakmak biraz moral bozucu gelebilir. Zira bu açıdan ömrün büyük çoğunluğunun "minicik özgürlük zamanlarını" bekleyerek geçip gittiğini görürüz. Hatta çoğu zaman bütün bir tatili de belki bir sonraki tatilin planları ve arzuları için harcarız, o tatili dahi ziyan ederiz. İşte tam bu nedenlerden dolayı "Sevdiğiniz bir işle hayatınızı kazanırsanız, bir gün bile çalışmış olmazsınız." demişler.

Düşünün: Hayatın büyük bir kısmında "zamanın geçmesini bekleyerek" işlev gören bir beyin, anda kalma ve şimdinin farkında olma devrelerini geliştirebilir mi? Bu oldukça zor görünüyor. Belki de o nedenle, emekli olunca gerçeğe dönüşeceği zannıyla kurulan nice hayaller çoğu zaman gerçekleşemeden kalıyor. Sonuçta ömrümüz boyunca zamanı geçiştirmek için yaşayınca, zamanın elimizde olduğu durumlarda da artık onu kullanma yeteneğimizi çoktan kaybetmiş olabiliyoruz...

EMEKLİLİK HASTALIKLARI

Birçok çalışan, çalışma hayatının ileri dönemlerinde emeklilik hayalleri kurmaya başlar ve emekli olduklarında yapacakları işleri zihinlerinde evirip çevirmekten keyif duyar. Elbette bunların büyük bir kısmı gerçekleşmeyecektir! Zira "ileride yaparım" dediğimiz birçok şeyi genellikle hiçbir zaman yapamayız; işin kuralı budur...

Türkiye, 2020'li yılların başlangıcı itibariyle genç nüfusu oldukça kalabalık bir ülke. Bu nedenle hızla yaşlanan Avrupa ülkelerinin nüfusuna göre emeklilerin çalışan nüfusa oranı, hâlâ nispeten düşük düzeylerde. Fakat özellikle genç nüfus oranının hızla azaldığı Batılı ülkelerde, emeklilik ve nüfusun yaşlanması konuları gittikçe büyüyen bir sorun haline geliyor. Konumuz elbette nüfusun yaşlanması değil ama gelişmiş ülkeler için bu durum önemli bir ekonomik kalem olduğundan emeklilik üzerine yapılan çokça çalışmadan biraz bahsedebiliriz.

Bu çalışmaların bize gösterdiği ilginç bir sorun var: İnsanlar emekli oldukları ilk zamanlarda kendilerini oldukça iyi hissetseler de orta ve uzun vadede sağlık durumlarında ciddi sorunlar yaşamaya başlıyorlar. Birçok emekli, hayatı boyunca belki de hiç ön belirti vermemiş bir sürü garip hastalığa yakalanabiliyor. Yapılan bazı araştırmalara göreyse emeklilik, çeşitli türlerdeki fiziksel hastalıkların ortaya çıkma olasılığını %60 gibi bir oranda artırıyor. Üstelik hastalıkların önemli bir kısmı da insanların yapmaları gereken işlevleri yerine getirmesini engelleyecek veya hayatî tehlike oluşturacak ciddi sağlık sorunları.

Bu çarpıcı sonucun nedenini anlamak aslında çok da zor değil. Emeklilik, birçok insanın ömrünü koyduğu işinden ve aktif çalışma hayatından uzaklaşması demek. İlk başta elbette insana hoş gelen bu durum, zaman içinde sıkılmaya ve arayışa girmeye neden olabiliyor. Bu süreçle birlikte emekli insanlar "Benim artık ekonomik ömrüm bitti. Bu noktadan sonra ölümü bekleyeceğim yani başka yapacak bir işim kalmadı. Artık bir işe yaramam ben..." şeklinde özetleyebileceğimiz kuruntulara kapılabiliyorlar. Elbette zihinsel olarak insanı esir alan böyle bir eksiklik, yetersizlik ve gereksizlik duygusunun değişik şekillerde beden sağlığına yansıması da hiç garip değil.

Halbuki Einstein fizikten, Darwin biyolojiden, Bach ve Dede Efendi müzikten emekli olmamıştı; bunu hepimiz biliriz. Mesela Einstein, patent ofisindeki memuriyet görevinden sonra hayatına aynı şekilde devam ederek "aşkı" olan fiziğin peşinde bir ömür boyu koşmaya devam etmişti. O nedenle çoğu insan Einstein'ı bir üniversitede fizik profesörü zanneder ama değildi. Öğretim pozisyonu bulamadığı için İsveç'te patent ofisinde çalışmak durumunda kalmıştı. Gördüğünüz gibi Einstein'ı bildiğimiz kişi yapan mesleği değil, tutkusuydu. **Sevmediğimiz bir işte çok çalışmak bizi strese sokarken, tutkumuzun peşinde çok çalışmak bizi mutlu eder.**

Dünyamızda maalesef ana akım sistem ihtiyaçlarını tatmin etmek için belirlenmiş şablonlar ve bu şablonlarla yaşamak zorunda kalan milyonlarca insan var. Bu insanlar kendilerine dayatılan bir düzen içinde ömür tükettikten sonra sistemin "yaş ve mâlûliyete bağlı olarak" belirlediği koşullar çerçevesinde kendilerine işten el çektiriliyor. Ömrü boyunca başkaları tarafından belirlenmiş mesailer ve görevlerle günlerini tüketen biri, o yönlendirici dış mekanizmalardan mahrum kaldığında -yani emekli olduğunda- kendini artık amaçsız bir şekilde ortada kalmış gibi hissediyor. Dolayısıyla genellikle onu yaşama bağlayan her şeyi bir anda bırakıyor ve bu hedefsizlik hali çoğu zaman bedene yansıyarak çeşitli rahatsızlıklarla kendini açığa vuruyor.

Canlılar âlemindeyse bizim dışımızda kimsede emeklilik diye bir olay görmeyiz. Bu garip uygulamayı biz icat ettik! Yaratılışımızdan gelmeyen bir şekilde, bazı görevleri ancak belli bir yaşa kadar yapabileceğimiz sistemlerin içine sokuluyor ve oralarda zorla çalıştırılıyoruz. Neden? Para kazan ki yarın rahat yaşayasın... Fakat o "yarın" geldiğinde genellikle sudan çıkmış balık gibi kalan, kendi başına ne yapacağını bilemeyen birçok yaşlı insan üretiyoruz. Eğer maddî bir birikimi varsa insan çoğu zaman ondan bile faydalanamıyor. Ömür boyu çalışmasının semeresini genellikle arkadan gelen çocukları, akrabaları tüketiyor. Böyle bir sisteme razı olmak deliliktir ama bazen yeterince uzun bir süreyle paylaşılan böyle delilikler "teâmül" ve "norm" haline gelebiliyor.

ANDA BULUNMA PRATİĞİNİN ÖNEMİ

Sinirsel esneklik plastisite (neuroplasticity) yahut beynin "esnekliği", bize verilmiş önemli hediyelerden birisidir. Bu hediyeyi kullanarak beynimizi eğitebiliyor ve değiştirebiliyoruz.

Sinirsel esneklik, beynimizin sürekli yapısal olarak değişebildiğini gösteren çok önemli bir keşif, çok verimli bir bilimsel çalışma alanıdır. Biraz önce de değindiğimiz gibi bu değişim şöyle bir kurala tâbidir: **Sürekli olarak yapılan, tekrarlanan davranışlar beyinde hangi devrelerle kontrol ediliyorsa o devreler zamanla kalınlaşıp güçlenir ve çalışmaları otomatikleşir. Bununla birlikte, kullanılmayan davranış kalıplarına ait devreler ise zamanla ayrışır, dağılıp ortadan kalkar yahut bir hayli zayıflar.**

Bu durumda herhangi bir davranış pratiğini devamlı tekrar ettiğimizde, beynimizde o davranışı yöneten beyin şebekelerini oluşturan sinirsel devreleri fiziksel olarak kalınlaştırmış ve hızlandırmış oluruz. Bir süre sonra o davranış, "bilinç dışı bilişle" ve otomatik yaptığımız davranışlarımıza, bir başka deyişle "tabiatımız"a dahi dönüşür. Ama eğer anda kalmayla ilgili pratikler üzerinde çalışmazsak -kedilerle ilgili verdiğimiz örneği hatırlayınız- devamlı korkarak, devamlı olumsuzluk biriktirerek, devamlı olası olumsuzluklara önlem alarak yaşamaya çalışan devreler inşa etmiş oluruz. Çünkü bu devreler, milyonlarca yıllık evrim tarihinden bize gayet yetkin ve hızlı olarak miras kalmış yaşamsal devrelerdir. Tabiatta çokça işimize yarayan bu özellikler, günümüzün "insan eliyle şekillenmiş modern yaşamı"nda bize çetrefilli sorunlar çıkarabilir...

Peki, bu devreleri hiç çalıştırmasak, olayları gelişine göre yaşasak ne olur? Evet, bu da bir seçenek. Ama maalesef günümüzde bunu tercih etmenin olumsuz sonuçlarını, toplumların önemli bir kısmını oluşturan insan tiplerinde görebiliyoruz. Kendini, hırslarını, iştahlarını ve arzularını kontrol edemeyen; olası kötü durumlara karşı önlem almak üzere devamlı kazanmaya, biriktirmeye, sağlıklı ve genç kalmaya, kaynak toplamaya çalışan garip ve yıkıcı bir canlıya dönüşmek hiç görmediğimiz ya da yabancısı olduğumuz bir hal değil. Sürekli gerginlik ve sıkıntı içinde, geçici ve zihni susturucu eğlencelere müptela, yalnız ve kendi düşünceleriyle de baş başa kalamayan, düşünmek için bile etraftan birtakım verilere ihtiyaç duyan garip bir insan modelinin bu sayede bolca yetiştiğini görebiliyoruz.

Öte yandan pratik olarak "şimdi"de kalma çalışmalarıyla farkındalığı yükselterek yaratıcı düşünceler üreten ve benzersiz çözümler bulan beyin devrelerini kuvvetlendirmeyi de öğrenebiliyoruz. Böyle zihinlerin ilgisiz geçmiş ve gelecek odaklarına, korku ve endişelere, insanî zaaflara ait başkaca yönlere savrulması ise diğerlerine nazaran çok daha zor hale gelir. Yani beynimiz onu nasıl kullanırsak o yönde gelişebilen mucizevî bir yapılanmadır! Zihnimizi ne için kullanıyorsak, beynimiz o sınırlar içinde zamanla benzersiz bir uzmanlık geliştirir. Dolayısıyla bu zihinsel dönüşüm ve değişime yön tayin etmenin büyük oranda bizim sorumluluğumuz olduğu bir gerçektir.

BİZ ÇOCUKKEN

İnsanoğlunun çare bulması en zor olan korkusundan yani ölüm korkusundan önceki bölümlerde bahsetmiştik. Halbuki bu korkunun ortadan kaldırılması aslında pek basittir: **Ölüm korkusu her zaman gelecekle ilgili bir korkudur. Zira yaşıyorsanız ve belirgin bir ölüm tehdidi altında değilseniz, ölüm korkusu (mantıksal olarak) yersizdir. Dolayısıyla bu korkuyu zihnimizden yok etmenin tek yolu, canlı olduğumuz ve nefes aldığımız "şimdi"ye odaklanmaktır.** Yaşadığımız âna gerçek anlamda odaklandığımız sırada, bilinmez bir geleceğe ait olan ölüm korkusunu hissetmek de imkânsızlaşır. Peki ama, bu zihin hali nasıl bir şeydir? Biz bir sanatçının yahut meditasyon yapan bir insanın anda kalma halini bilebilir miyiz?

Evet, hem de aslında bunun nasıl bir şey olduğunu hepimiz biliyoruz. Bu, daha sonra bahsedeceğimiz "Akış" adı verilen özel zihinsel donanımımız sayesinde oluyor ve hepimiz çocukken bunu yaşıyorduk. Oyun oynamak için sokağa çıktığımızda bize ne diyorlardı? "Akşam ezanından önce eve gel!" Ama çoğumuz akşam ezanını duyamıyorduk bile... Neden mi? Cevap çok basit: Çünkü yaptığımız şeye, oynadığımız oyunlara o kadar derinlemesine gömülüyorduk ki evde muhtemelen az yahut çok fırça yiyeceğimizi bilmemize rağmen dimağımızda ne akşam ezanı ne de yarın endişesi yer bulabiliyordu. Oynadığımız hayalî oyunlarda, süper-sanal âlemler içinde kendimizi kaybettiğimiz -muhtemelen ileri derece- yaratıcı bir zihin haliyle doyumsuz bir eğlencenin içindeydik. Belki elimizde sadece bir sopa yahut taş olmasına rağmen deliler gibi senaryolar üretebiliyor ve bunlar gerçekmişçesine saatlerimizi geçirebiliyorduk. İşte bu, "Akış" haliydi.[40]

Çocukken sıklıkla bu harika halin içinde yaşayabiliyorken, büyüyünce sizce neden bu yeteneğimizi kaybettik? Çocukken farklı olan neydi diye baktığımız zaman, çocukluk yaşlarımızda ön beynimizin oldukça az gelişmiş durumda olmasıyla karşılaşıyoruz. Bu nedenle zamansal algımız ve erişkinlere özgü zihinsel

40 Akış deneyimi hakkında daha detaylı bilgi için *Değişen Be(y)nim* adlı kitabıma başvurabilirsiniz.

hesap-kitap kodlarımız henüz oturmamış oluyor. Geleceğe ve geçmişe dair çok fazla sorunumuz, düşüncemiz de bulunmuyor. Travmalarımız ve acılarımız da beynimizde henüz oturmuş devrelerde gezinen yönlendirici komutlara dönüşmüyor. Ama büyüdükçe, özellikle 10'lu yaşlardan itibaren ön beyin devrelerimiz gelişmeye başladığında işler yavaş yavaş değişmeye başlıyor.

Büyümemizin neticesinde, yeni ön beyin devrelerinin hediyesi olan genişlemiş zaman algısı ve otobiyografik bellek yeteneğiyle tanışıyoruz. Fakat yeni durumu kontrol altında tutmadığımız, kendi amaçlarımıza yönelik kullanmayı öğrenmediğimiz takdirde bu benzersiz yetenek bizim için neredeyse bir lanete dönüşebiliyor. Neticede çocukken gayet sevimli olan insan büyüyünce bazen yıkıcı ve doymak bilmez bazen de çekingen ve etkisiz, garip bir canlı haline gelebiliyor...

Bu açıdan baktığımızda, meselenin bizi aşan bir boyutu da aslında ortaya çıkıyor: Fabrika ayarlarına uygun yaşamak, bunları fark etmek ve mesela anda kalmayı öğrenmek sadece kendi mutluluğumuz için gerekli bir beceri değil; aynı zamanda bütün insanlığa karşı taşıdığımız bir sorumluluğumuz. Çünkü biz bunu yapmadığımız zaman onların hayat haklarına da müdahale edebiliyor; insan türünün verimliliğini, çeşitlilikten beklediği faydayı azaltabiliyoruz. O yüzden "fabrika ayarları"na uygun bir yaşam sürmenin sadece bireysel olarak değil, toplumsal olarak da önemli ve temellerine herkesin vâkıf olması gereken bir konu olduğunu anlıyoruz.

ANDA OLABİLMEK VE "KADER"[41]

Hayatımızda ve dilimizde yer alarak her gün bizimle olan bazı kavramlar vardır. Ama bunların ne tanımlarını kolayca yapabiliriz ne de bizim için taşıdıkları anlamı rahat bir biçimde kavrayabiliriz. Kader de işte böyle kavramlardan bir tanesidir. Her ne kadar kaderi metafizik, yani fizik ötesi bir mevzu olarak algılasak da biraz düşününce "geçmiş-gelecek", "an farkındalığı" ve "şim-

41 Bu başlık, konunun ayrılmaz bir parçası olmayıp "kader" konusunu zihinsel bir sorun olarak taşıyan benim gibi okuyucular içindir. Böyle bir derdiniz olmadığını düşünüyorsanız bu başlığı geçebilirsiniz.

dide olma" meselesinde kadere dair ilginç bir içgörü yakalama imkânına sahip oluruz.

İnsanoğlunun genel kader anlayışı -bu konuda kafa yormuş düşünürleri bir kenara koyarsak- aslında oldukça kabadır ve çok fazla bilgi yahut fikre dayanmayan bir zemine sahiptir. Temelde kadere inanan ve kader konusunu kendince açıklamaya çalışan iki uç yaklaşım dikkatimizi çeker. Birincisi şöyle der: "Tanrısal bir zihin senin yapacağın her şeyi bilmektedir; öyle irade etmiş ve yaratmıştır. Dolayısıyla sen bir kukla gibi yaşarsın ve yaptığından da aslında sorumlu olmamalısın." İkincisi ise şöyle der: "Sen özgür iradeye sahipsin, istediğini istediğin zaman yapabilirsin. O nedenle Tanrı senin yapacaklarını sen yapana kadar bilemez." Aslında bunların ikisi de ne teolojik öğretiler açısından ne de fizikî dünya açısından doğru ve mantıklı olan yaklaşımlar değil. Çünkü burada hem Tanrı'nın yani "Yaratıcı Kudret"in tanımlanmasında hem de zamanın ve yapılabilecek şeylerin olasılıklarının tanımlanmasında bazı mantıksal açmazlar ve hatalar var.

Fizik açısından bakalım: Herhangi bir olay karşısında karar verebileceğiniz üç seçenek olsun. Bu üç seçenek de siz karar verene kadar olmamıştır ama siz karar verince bunlardan bir tanesi gerçekleşir. Bu farazi durumu mantıksal yapı olarak, kuantum fiziğindeki "dalga fonksiyonu" denen duruma benzetebiliriz. Siz seçim yapmadan önce her üç olasılık da birbirine eşit ihtimaller olarak mevcuttur. Yani bütün seçimler, bütün olasılıklar her zaman her yerde vardır ve yaratılmıştır. Kuantum fiziğinin bize söylediği şeylerden bir tanesidir bu.

Siz kendi tercihinizi kullandığınızda, mesela bir parçacık laboratuvarında gözlem yaptığınızda yahut gerçek hayatta şununla değil de bununla konuşmayı seçtiğinizde, gerçekliği farklı bir yöne doğru bükersiniz, fizikteki tabiriyle "çökertirsiniz". Buna fizikte "dalga fonksiyonu çökmesi" denir. O andan itibaren gerçeklik artık o hattan ilerlemeye devam eder. Ama bir adım öncesi çok önemli; unutmayalım: Tercih ya da gözlem yapmadan önce bütün olasılıklar eşit düzeyde vardır ve mevcuttur.

Eğer bir yaratıcının hatta tanımı itibariyle "her şeye gücü yeten bir yaratıcının" varlığına inanıyorsak gerçekleşebilecek ve gerçekleşmiş bütün olasılıkları da O'nun yaratmış olması gerekir. (İnanmıyorsak zaten bu tartışma gereksizdir, geçilebilir.) Bütün olasılıkları yaratmış olan bir yaratıcı zihin, olabilecek her türlü kombinasyondan da tanımı gereği zaten haberdardır, her türlü kombinasyonu bilmektedir. Bilmektedir; çünkü bilmeden olasılıkları yaratmak söz konusu değildir.

Bu düşünce deneyi elbette insan zihnine görsel yahut düşünsel olarak sığmayacak, tastamam tahayyül edilmesi mümkün olmayan bir varsayımdır; bunu peşinen kabul etmemiz lazım. Yine de eğer durum buysa, yani bir Yaratıcı bizim için olası tüm olasılıkları eşzamanlı olarak yaratmışsa, biz "irade"mizle o kombinasyonlar arasından hangi seçimi yaparsak, o artık bizim gerçekliğimiz olur. Biz onun sorumluluğunu taşırız. İşte İslâm literatüründe adına "cüzî irade" denen kavrama böyle bir anlam yüklemek gayet mümkündür.

Bunun zıddı yahut kaynağı olan "küllî irade" ise ihtimal dâhilinde olabilecek, bu evrenin işleyişi ile uyumlu bütün olasılıkları yaratmaktadır yahut (eş anlamlı olarak) yaratmıştır. Biz ancak bu olasılıklar menüsünden bir şeyler seçmekte özgürüzdür. Ama böylece o seçimin sonrasında doğacak olasılıkları ve zamanın akışını da artık biz belirlemişiz demektir. Bir başka deyişle, sadece seçimden sorumlu olduğumuz için seçimimizin sonuçlarına da katlanmamız gerekir. Yaptığımız ve yapacağımız seçimlerin de "bütüncül irade" tarafından bilinir olması, seçim yapma mekanizmalarımızın da yine aynı fiziksel gerçeklik olasılık ve sınırları ile gerçekleşmesiyle mecburî hale gelir. Seçimlerimiz, yapılana kadar bizim için belirsizdir fakat sonsuz olasılıklar deryasında zaten mevcuttur.

Böyle bakarsanız, kader aslında bir "bilme düzeyi"dir. Yani zaman boyutuna ve fizik kanunlarına bağlı olmamızdan dolayı, sonrasını bilemeden olasılıkları tercih etmemiz söz konusudur. Zira kuantum belirsizlikleri onu keşfeden insanlar için yani bizler için geçerlidir; onları "yaratan" yahut onlardan bağımsız olacağını varsayabileceğimiz bir "üst zihin boyutu" için değil. O nedenle biz kaderimizden habersiziz ve bu nedenle de değerlere, ilkelere, hedeflere ve bunun gibi yol göstericilere ihtiyacımız var. Tanrısal bir zihin, kozmik bilinç, Allah, küllî irade veya adına ne diyorsanız; hâsılı O ise, (tanımı gereği) "zamandan ve mekândan" bağımsız olarak bütün olasılıkları bilmektedir. Çünkü zaman ve mekân da onun yaratmayı dilediği şeylerdir.

Tekrar hatırlatayım: Amacım herhangi bir dinin teolojisini açıklamak yahut inanç ekolüne mantıksal destek sunmak değil. Zaten elinizdeki de bir metafizik yahut din kitabı değil. Buradaki temel amaç, kader kavramını zihninin bir köşesinde şöyle veya böyle tutan ve yaşamın nedenselliğini sorgulayan insanlar için farklı olabilecek bir düşünme yöntemi önermektir.

Şimdi, bu durumu karmaşık bir labirente yukarıdan kuş bakışı bakmak olarak düşünelim. İnsan labirentin içinde gezen bir denek olsun. Yaratıcısı ise labirenti yukarıdan görmekte ve o insanın gidilebileceği olası tüm yolları bilmektedir. Şimdi bir farka daha dikkat edelim: Yaratıcı, zamanı da yaratmış ve insanı ona tâbi kılmıştır. Yani labirentin içinde seyahat eden insan zamana bağlı seçimler yaparak geçmişten geleceğe ilerler. Ama onu izleyen Yaratıcı zamandan bağımsız olduğu için onun tüm seçeneklerini ve neleri seçtiğini "bir bakışta" görebilmektedir. O'nun için o insanın seçeceği yol bu nedenle gayet açık bir biçimde bellidir. Ama labirentin içindeki insanın labirenti anbean keşfetmesi, her bir kavşakta yeni bir karar vermesi gerekmektedir. Kararlar vermesi, çıkmaz yollara sapması, açık yollar araması, durması, düşünmesi, ipuçlarını değerlendirmesi... İnsan bir seçimi yapana kadar o ve ondan sonraki tüm seçimlerin neticeleri kendi açısından tamamen belirsizdir.

Özetle; bizdeki "minik irade parçası" yaptığımız seçimlerde ve niyetlerimizde sürekli devreye girer. Bu açıdan baktığımızda kader bizim için belirsizdir ve aslında onu seçimlerimizle bizler yaratırız. Peki, o halde neden böyle bir düşünce deneyi yaptığımı, bunun ne faydası olduğunu sorabilirsiniz. Durum şu ki böyle baktığınızda, kader anlayışını böyle bir çerçeveye oturttuğunuzda, şimdiki anda olmanın kıymeti çok daha belirgin şekilde ortaya çıkıyor. Çünkü "şu anda" olarak olasılıkları daha duru bir zihinle, kendi zanlarımız ve endişelerimiz dışında değerlendirebiliriz. Daha anlaşılır -ve kültürümüze uygun- bir tâbirle söylersek, işin içine "nefsimizi" ve "endişelerimizi" katmadan karar alma noktasına çok daha fazla yaklaşabiliriz. Her bir ânın farkında olarak yaşamaya devam ettikçe "kaderimizin direksiyonu" da bizim elimizde olur. Sürüş kabiliyetimiz ve mevcut "yol durumu" çerçevesinde, direksiyonu istediğimiz yöne çevirebiliriz. Bu anlayışı içselleştirebildiğimizde, "kaderimiz" için endişelenmek yerine elimizden gelen işe başlayabilme cesaretine de zamanla daha fazla temas edebiliriz.

SONUCA VARMA VE GENELLEME TAKINTISI

Meşhur bir hikâye vardır, belki siz de duymuşsunuzdur: *Oğluyla birlikte yaşayan Kızılderili adamın çok kıymetli bir atı var. Bir gün bu at çiftlikten kaçıyor. Tabii komşuları gelip "Tek varlığınız o attı, çok kıymetliydi, o da gitti..." diye ah vah ediyorlar. Adam diyor ki: "Bir dakika, şu anda tek bildiğimiz atın kaçması. Niye üzülüyorsunuz?" İki gün sonra o at, yanında hepsi de birbirinden güzel beş kısrakla geri dönüyor. Komşular bu sefer: "Haklıymışsın, at kaçıp beş kısrakla geri döndü, ne güzel oldu!" derken, bilge yerli: "Bir dakika, sadece beş kısrak daha geldi. Bunun iyi mi kötü mü olduğunu bilemeyiz. Acele ediyorsunuz." diye onları uyarıyor. Sonra adamın oğlu, o yabani kısrakları eğitirken düşüp bacağını kırıyor. Komşular bu kez de "Eyvah! Tek yardımcın olan oğlun bacağını kırdı. Bu çok kötü oldu!" diyorlar. Adam da "Şu anda olan tek şey, oğlumun bacağını kırmış olması. İyi veya kötü mü, onu bilmiyoruz." diyor. Derken o ülkede bir savaş çıkıyor, eli ayağı tutan herkes askere alınıyor. Yerlinin oğlu bacağı kırık olduğu için tabii ki askere alınamıyor. Komşular bu sefer de "Bak, haklıymışsın. Oğlun sana kaldı..." diye seviniyorlar. Bunun üzerine adam diyor ki: "Siz erken sonuç çıkarma hastalığına tutulmuşsunuz. Sadece olaylar olur, bekleyip görün, ne olacağını daha sonra fark edersiniz."*

Benzer bir halin tüm insanlarda adeta bir hastalık düzeyinde yer ettiği mâlumdur. Bir hadiseyi iyi veya kötü, faydalı veya zararlı gibi etiketlerle etiketlemeden rahat edemeyiz. Zihnimiz hemen ileri doğru bir sıçrama yaparak her şeyden sonuç çıkarmaya çalışır. Halbuki şu anda olan tüm olaylar, sadece olaylardır; duygusal olarak kendiliklerinden bir mesaj taşımazlar. Siz onlara hangi duyguyu yapıştırırsanız onlar da o hale dönüşür. Bu hastalık -yahut alışkanlık- zihnimizin gelişmiş gelecek simülasyonlarının doğal bir sonucudur. Fakat doğal diye bununla yaşamak zorunda değiliz. Nasıl ki yumuşak ayak tabanlarımızı korumak için ayakkabı yahut terlik giyiyorsak, bu zayıflığımızı ortadan kaldırmak için de gerekli önlemleri almamız gerekir. Bunu başarmak, hayattaki gelişim kabiliyetimizi de artıracaktır.

PLAN YAPMAK "ŞİMDİ"NİN NERESİNDE?

Şimdi anlatacağım örneği siz de yaşadınız mı, bir düşünün? Yaklaşık üç haftadır evi için alışveriş listesi hazırlaması gereken bir insan olsun. Bu arkadaş dolabı her açtığında "Ah evet, şunu alacaktım, unuttum!" diyor. Evet, her seferinde! Sürekli evin içinde olduğu, o malzemeye de sürekli ihtiyaç duyduğu halde arkadaşımız o malzemeleri almayı sizce neden unutuyor? Tabii ki evdeyken "o ana odaklanıp" bir market listesi hazırlamaya vakit (neden, fırsat) bulamadığı için... Hatta sürekli elinde gezdirdiği akıllı telefonuna not alacak vakti bile olmuyor bir türlü. (Kendimden biliyorum!) Halbuki o listeyi hazırlamayı "irade edebilmek" için arkadaşımızın "şimdiki ânın" içinde ve bilincinde olması lazımdı. O ise, evde iki dakikalığına olsun belirgin bir farkındalık yaşayamıyor. Bir türlü "şu an"da olamıyor zira sayısız dikkat dağıtıcının onu çevrelemesine ilave olarak bir de zihni her an ya geçmiş yahut gelecekte geziyor... Evindeyken "farkındalık" devrelerini kullanmak için bir neden görmüyor. Hatta belki de evde olmayı bu işlevleri kullanmamak için geçerli bir bahane sayıyor! Elbette orası en çok "rahat" etmemiz, kafaya bir şey takmamamız gereken bir yer, değil mi?

Diyelim ki bu kişi "şimdi"ye odaklanmayı başarıp listesini hazırladı, cebine koydu ve kendine "şuraya gidersem alışveriş yapacağım" dedi. Artık bahsi geçen yere gittiğinde, oradaki an farkındalığının içinde alışveriş yapmak da olacak. Bu aynı "Şu vakitte şurada gezeceğim. O sırada muhtemelen hava güneşli olacağından şapkamı yanıma alayım. Birisi bana şunu dediğinde şöyle cevap vereceğim..."[42] demek gibi. Kişi ayık ve farkında; yapabileceği görevlerin ayırdında. Ama bunu zorlanmadan bir akış halinde yapabilme hali söz konusu. An farkındalığı becerisi işte her adımda bize bunu sağlayan çok önemli bir beceri.

Özetle, gördüğünüz gibi planlar, ancak an farkındalığı yüksekse uygulanabilir ve işe yarar halde yapılabilir. Zihnimiz, çoklu görevlerde genelde pek kötü bir performans gösterir. Bilgisayar diliyle söylersek, beynimiz "multi-tasking" bir yapıda değildir. O nedenle bir anda sadece tek bir işe odaklanmak, başarı oranımızı çok büyük ölçüde artıracaktır. Bu durum da yine farkındalık halinin bir başka tezahürüdür. Sürekli dikkatimizin dağıtıldığı ve dağıldığı, devamlı farklı işlerin "yapılacak işler listemizden" eş zamanlı olarak önümüze düşüverdiği bir hengâmda, biçare zihnimiz bunlarla baş etmekte çok zorlanır. O nedenle her ne yapacaksak diğer işlerin arasından o işi dikkatle öne çıkararak, dikkat dağıtıcı olası tüm faktörleri asgariye indirerek o işi halletmeye odaklanmak en iyisidir. İster alışveriş listesi ister kariyer planlaması olsun, bu kural her yerde geçerlidir.

ERTELEME

Kimi işler vardır ki bunları "en son âna" gelene kadar bitiremeyiz. Bunlar zor yahut çetrefilli işler olduklarından değil, genellikle sadece o son mühletin gelmesini pasif olarak beklediğimiz için bir türlü o konuyla ilgili bir şeyler yapmaya başlayamayız. Bu hal bazılarımızda adeta bir huy haline gelmiş durumdadır. Erteleme (procrastination), genellikle başlama zorluğu ile karşımıza çıkan ve günümüzde özellikle gençlerde bir hayli yaygın olan bir davranışsal kalıptır. Zeki ve yaratıcı tiplerin bu erteleme davranışını daha fazla gösterdiklerini biliyoruz.

Bazı araştırıcılar, yapılmayan işlerin, zihnin arka planında var olan ham fikirlerin bir nevi "pişmesi" için zaman sağladığını düşünü-

42 "Namazda gözü olmayanın ezanda kulağı olmaz" deyişini hatırlayınız.

yor. Hatta içlerinde bunu yaratıcılığın önemli bir bileşeni sayanlar dahi var. Fakat öte yandan erteleme aslında kötü bir alışkanlık, ona şüphe yok. Mesela şimdiye odaklanıp o alışveriş listesini hazırlayamamamız veya alışveriş yapmayı sürekli ertelememiz de bu yüzden... (Ve bu aslında hayatı kolaylaştıran bir şey değil!)

İnsanlar neden ertelerler? Aslında biraz düşününce bunun oldukça sade ve makul bir açıklaması vardır: İnsanın şimdiye odaklanıp bir işe başlayabilme devreleri çoğu zaman pek gelişmemiş haldedir. Orduda görev yapmak gibi zorlu bir disiplin altında, belirli bir süreyle eğitim geçirmemiş pek çok kişide de bu devreler aynı şekilde zayıftır. Kişi, yapması gereken işe başlama düşüncesinden bile sıkılır ve onun yerine daha çok sevdiği, daha keyifli ama belki de o kadar gerekli olmayan başka meşgalelere yönelip önündeki görevi sürekli erteler. (Okumakta olduğunuz sayfalar benim bu alışkanlığım nedeniyle aylarca gecikme ile kaleme alındı mesela! Peki, neticede yazmaya nasıl başlayabildim? Kabaca şöyle:)

Ertelemede esas sorun, başlayabilme sorunudur. Bir kez bir yerlerden başlanırsa o iş genellikle kolayca -veya bir şekilde- bitecektir. Fakat başlama için gereken "eşik enerjisi" bir türlü aşılamaz. Bu durumda o âna odaklanarak o işe başlayabilmek için insan zihninin en sihirli güçlerinden birinin devreye girmesi gerekir. Biz buna genel olarak "motivasyon" diyoruz.

İşlerine zamanında başlayıp bitirebilen insanlara baktığımızda, o işin yapılması gerektiği bilgisine sahip olmalarının yanında başka bir şey daha buluruz: Bu insanlar o işin o anda yapılmaya başlanmasındaki avantajlar konusunda kendilerini önceden eğitmiştir. O nedenle disiplinli bir çalışma alışkanlığı kazanmak, ertelemenin en büyük düşmanıdır. Böyle bir şartlanma, işe başlama durumundaki odaklanmayı da besler. Odaklanma gerçekleşince artık o iş her neyse, insan atalet (eylemsizlik) eşiğini aşar ve kolayca yola koyulabilir.

Geciktirmenin veya ertelemenin en önemli nedenlerinden biri de karşımızdaki iş veya görevi kocaman ve yekpare halde düşünmektir. Halbuki burada geliştirilebilecek ikinci bir beceri işimizi oldukça kolaylaştırır: İşi yapılabilir parçalara bölmek, parçaları kümelemek ve kümeleri teker teker bitirerek bir sonrakine geçmek... Çalışmaya bu şekilde başlayabilenlerde, işi son derece hızlandırıp verimli hale getiren "Akış" benzeri bir sürecin tetiklendiğini de görebilirsiniz. Bazen saatlerce başından kalkmadan çalışarak o işi bitirirler ve sonra biten işin kalitesinden genellikle kendileri de gayet memnun olurlar. Bu taktikle sıradan günlük işlerde bile Akış deneyimini yaşamak mümkündür. Denemekte fayda var derim...

Diğer taraftan, elimizdeki işler bize hep başkaları tarafından veriliyorsa biz bunları hep "tâlî işler" yahut "angaryalar" olarak görmeye başlamış olabiliriz. O zaman bu türden meşguliyetler hayat keyfimizi bozan darbelere dahi dönüşebilir. Hal böyle olunca da onlardan kaçmak isteriz! Erteleme, bu kaçışın en kolay yolu olarak bir süreliğine "kurtarıcı" vazife görür. Ama bildiğiniz gibi, yapılan bir işi Akış halinde yapmak başka, bir görev yahut angarya olarak yapmak başka, ondan kurtulmaya çalışmaksa bambaşkadır. Angaryaları hayatımızdan olabildiğince temizlemek, temizleyemediklerimizi de severek yapmanın oyun vâri yollarını keşfe çıkmak, performansımızı ciddi oranda artıracaktır.

Peki, benim bu satırları çok geç kalarak yazmam gibi, insanların çok ama çok sevdikleri işleri dahi sürekli ertelemelerine nasıl bir izah getireceğiz? Mesela şu anda okuduğunuz satırlar, planlandığı zamandan yaklaşık 9 ay sonra yazılmakta... Bu kitaptakilerin yazıya dökülmesini, akla düştükten sonra adeta hamilelik süresi kadar bekleten şey acaba neydi?

Eğer yaptığınız bir iş (bu kitap gibi) nihayete erdikten sonra "çok önemsediğiniz" ve bir daha geri dönüp de değiştirme şansını pek bulamayacağınız mühim bir görev yahut eserse, üzerinde düşünmek, zihninizi -bilinçli yahut bilinçsizce- o meseleye mâkul miktarda yatırmak istersiniz. Evet, bu bildiğimiz bir şey. Ama bunun çok bilmediğimiz bir nedeni daha var: Eğer bir mesele önemliyse, her ne kadar o konu hakkında doğrudan bir faaliyet yapmasanız da zihninizin "bilinç dışı" bölümleri o meseleyle sürekli uğraşıp durur. Uykunuzda, hatta rüyalarınızda bile, siz hatırlamasanız dahi edindiğiniz tüm bilgi ve deneyimler beyninizde o meseleyi merkeze koyan bir tarzda işlenir. Özellikle bilinç dışı zihinsel mekanizmalarımız arka planda çalışarak bize hiç belli etmeden nice veriler toplar, o konuyu adım adım ve alabildiğine zenginleştirir. Bu nedenle yaratıcı işler yapan, iyi ürünler ortaya koyan birçok insan, uzmanlık düzeyindeki erteleyicilerden çıkar! Zira buradaki erteleme, tembellik veya işten kaçmaktan çok o işe gösterilen özen ve verilen önemle ilgilidir.

Birçok ünlü keşfin hiç hesapta olmayan zamanlarda zihinde belirivermesi üzerine bildiğimiz bir dolu örnek vardır. Bu örnekler bize, zihnin bilinç dışı kısımlarının arka planda önemli mevzular üzerinde nasıl sürekli çalışmakta olduğunu açıkça gösterir. Şahsen ben kendimi çok yaratıcı bir insan olarak görmüyorum. Fakat yazmak ve anlatmak gibi çok önemsediğim meselelerde "son tarihleri" sıklıkla zorladığımda ve meseleyi geciktirdiğimde, ortaya çıkan ürünün "zamanında yaptığım işlere göre" daha orijinal ve tatmin edici olduğunu görebiliyorum.

Tembellik ile önem vermek arasındaki farkı sağlıklı olarak tespit edebilmek ise ortaya konan işlere bakarak yapılabilecek bir değerlendirmedir. Eğer bütün ertelemelere rağmen oldukça sıradan hatta kötü bir iş ortaya konuyorsa, bu ertelemenin "mayalanma" yerine "üşenme" ile ilgili olduğuna kanaat getirebilirsiniz. Eh, bu sayfaları okurken bendeki ertelemelerin esas kökenlerini teşhis etmek de siz değerli okurlara kalıyor...

İNSAN "BİLMEYE" NASIL BAŞLADI?

İlk doğa felsefecisi Aristo, doğaya bakıp "Burada ilginç bir şey var. Acaba bu nedir?" demiş olmalı! Zira her şey bu soruyla yani farkındalıkla başlıyor. Bilimsel merak da "şimdi" ile başlar. Öncelikle "orada" güzel bir şey görebilmek için zihnen ve odaklanmış bir biçimde "o anda" olmamız gerekir.

Diyelim ki âcilen çözmeniz gereken bir sorununuz var ve bu sırada rotanız bir müzeden geçmeyi gerektiriyor. Mesela Paris'teki Louvre Müzesi'nin içinden geçiyorsunuz. Siz müzede aceleyle yürürken içeride paha biçilmez nice eser gözlerinizin önünden birer

birer kayıp gider. Bu sırada Mona Lisa'nın yanından geçseniz bile durup bakabilir misiniz? Bakamazsınız, çünkü o anda gündemde acil bir durum vardır.

Durup o tablonun güzelliğini yaşayabilmek içinse zihniniz orada ve o anda bulunmalıdır. Dolayısıyla bilim de felsefe de böyle başlayabilir. İnsanlar tabiatı deneyimlerken o anda ve orada ne olduğunu sorarlar. Bilim ve felsefenin genellikle "refah toplumlarının" işi olması belki de bu yüzdendir... Çünkü çoğunlukla çözmesi gereken hayatî sorunların arasında koşuşturarak yaşayan bir insanın durup da bir şeyleri derinlemesine tetkik etmesi ne yazık ki pek mümkün olmaz.

Pekâlâ, şimdi de başka bir varsayıma bakalım. Birisi Aristo'ya doğayı incelemeyi bir görev olarak verseydi ve Aristo da bu görevi yerine getirmek zorunda olan maaşlı bir memur olsaydı sizce durum nasıl olurdu? Bence muhtemeldir ki onun adını hiçbirimiz duymamış olacaktık! Ama Aristo gönül vererek giriştiği işin içinde kaybolup da "Neden?" diye sormaya başlayınca, cevapları da bulmaya başlayan önemli doğa araştırmacılarından ve düşünürlerden bir tanesi oldu.

Bilimsel sorgulamanın, yenilikçi fikirlerin ve felsefenin başlangıcı aslında hep bu çizgide gerçekleşir. İlk olarak "o an" insanın içinde bir merak doğar ve insanlar yapıları gereği o merakın peşinden giderler. Bu açıdan bakarsak, medeniyetimizin ve yaptığımız üstün nitelikli işlerin temellerini böyle bir farkındalık becerisinin oluşturduğu açıktır. Kötü işlerimizin temelinde ise anda kalamamayı, hınçlarımızı, hırslarımızı ve doymak bilmez arzularımızı bulmamız mümkündür.

DARACIK BİR ODAKTA YAŞAMAK

Odanızın kapı kolunun nasıl bir şey olduğunu, üstünde yahut altında ne olduğunu biliyor musunuz? Kapının kolu nasıl, kilidi nerede? Gidip bakma ihtiyacı hissetiniz mi? Halbuki muhtemelen her gün o kapıdan odaya girip çıkıyorsunuz. O kapıyı günde belki de onlarca kez görüyor ve kullanıyorsunuz. Ama nedense detaylarını hiç hatırlayamıyorsunuz. Bunu okurken eğer dönüp o kapıya bakarsanız size oldukça yeni ve değişik gelecek. Çünkü muhtemelen daha önce dikkatinizi oraya bu şekilde yöneltmemiştiniz. İşte farkındalık dediğimiz algı düzeyi kabaca böyle bir şey...

Kolunda sürekli saat taşıyan birinin saatini alıp cebinize koyun ve ondan saatinin bir resmini çizmesini isteyin. Günde belki onlarca kez saatine baktığı halde çoğu kişi saatinin tam bir resmini doğru dürüst çizemez. Bunun sebebi saatin detaylarına değil, kadranına bakmamızdır ve bu yüzden saatimizin detaylarını çizememememiz son derece normaldir. Zira ona bakmaktaki amacımız sadece zamanı okumaktır.

Bir arkadaşım bu testi bana yaptı ve ben belki de on senedir kolumda taşıdığım saatimi çizemedim. Şimdi gene çizmemi isteseler -o gün her ne kadar hayretle bakıp incelemiş olsam da- sanıyorum yine çizemem. Sürekli bakmama rağmen şekli hâlâ aklımda değil. Çünkü çoğu insan gibi ben de çok dar bir odakta yaşıyorum. Hal böyleyken, dünyaya adeta isli cama çizilmiş bir çizginin içinden bakmakla yetinmiş oluyoruz. Eğer durup "an"da kalmazsak, baktığımız şeyi gerçekten görmek için dikkatimizi vermezsek, sonuçta gözümüze çarpan genel biçimlerden başka bir şeyi göremiyoruz.

İsterseniz şimdi bir deney daha yapalım. Gözünüzü sayfadan hiç ayırmadan bu paragrafı okuyun ve yine hiçbir yere bakmadan, paragraf bitince gözlerinizi kapatıp okuduğunuz sorulara cevap vermeye çalışın. Ama unutmayın, şu andan itibaren etrafa bakmak yok. Gözünüzü kapattıktan sonra, bulunduğunuz ortamdaki tüm ayrıntıları düşünün. Eğer bir odadaysanız, duvarlarda neler var? Mesela kitaplığınız varsa üzerinde hangi kitaplar dizili? Etrafınızda hatırladığınız nesnelerin sağında ve solunda neler var? Etrafta şu anda enerji harcayan, elektrik tüketen yahut yanan bir şey var mı? Sağınızda ve solunuzda size en yakın duran objeler neler? Üzerinizde giysi olarak neler var? Ne renkteler? Bedeniniz nasıl duruyor? Bu kitabın kaçıncı sayfasındasınız?

Şimdi gözlerinizi kapatıp bu ve buna benzer üretebileceğiniz diğer sorulara 3 dakika kadar odaklanın. Daha sonra ise gözlerinizi açın ve gözünüz kapalı durumdayken zihninizde oluşan modellerle etrafınızdaki gerçek durumu karşılaştırın. Başlayabilirsiniz...

Eğer bu basit deneyi yaptıysanız, şu anda içinde bulunduğunuz ortam artık size bir hayli farklı görünüyor olabilir. Bu yaşadığınız deneyime "bilinçli farkındalık" diyoruz. Ne kadar çok odaklandıysanız, o kadar derin bir farkındalık deneyimi yaşarsınız. Tabii ki bunu sürekli olarak yapabilen bir zihne sahip olmak nasıl bir şey olurdu, onu düşünmek eğlenceli olabilir. Mesela ünlü İngiliz roman karakteri Sherlock Holmes'un en önemli özelliklerinden biri, etrafındaki detayları ileri derecede yüksek bir farkındalıkla algılayabilmesidir. Bu hal, genellikle diğer insanlar üzerinde hayranlık uyandırır çünkü çoğumuzda farkındalık pek gelişmemiş bir melekedir.

Bu algıyı geliştirmenin oldukça basit bir yolu var aslında: Mesela televizyon seyrederken çizgisiz bir defter alıp o anda oturduğunuz yerde gördüğünüz bir şeylerin kaba resimlerini çizebilirsiniz. Ressam gibi oturup yüksek gerçekliğe sahip bir çizim yapmayı kastetmiyorum. Amacımız, resmini kabaca çizebilecek kadar etrafımızdaki nesnelere dikkat etmek. Bu tip egzersizleri haftada bir kez olsun yaparsanız, algı çözünürlüğünüzdeki artışa hayret edebilirsiniz. Bu sonuç genellikle kaçınılmazdır çünkü normalde orada otururken beyninizde hiç aktif olmayan "dikkat yönlendirme" devreleri artık çalışmaya başlar. Siz böyle egzersizleri tekrar ettikçe de dikkati bir noktadan başka bir noktaya, merkezdeki doğal ilgi odağından çevredeki herhangi bir detaya yönlendirebilme beceriniz kendiliğinden artar.

BİLİNCİMİZİN OTOMATİK PİLOTU

Jeff Hawkins'in *Zekâ Üzerine* isimli klasik kitabında kapı koluyla ilgili güzel bir örnek zikredilir. Hawkins bu kitabında "Evinizdeki bir kapının kolunu çıkarıp ters olarak aynı yere takın ve insanları izleyin." diyerek ilginç bir deney yapmayı öneriyor.

Şöyle ki; kapıdan çıkarken çoğu zaman ne yapacağımızı düşünmeye gerek duymayız. Çünkü kapı kolları hep aynı mantıkla çalışır. Elimizi uzatır, çoğu zaman hiç bakmadan kolu aşağı doğru iter, kapıyı açıp gideriz. Ama siz kapının kolunu alışılmışın dışında bir şekilde kapıya tekrar monte ederseniz işte o zaman eğlence başlar...

İnsanlar gelip ellerini uzatıp alıştıkları alanın "boş" olduğunu fark ettiklerinde bir anda bütün bilinçli dikkatleri o noktaya döner. "Ne oluyor burada?" sorununu çözmeye koyulurlar. Zira beklentilere aykırı yönde bir sorunun çıkışı, onun çözülmesi için bilincin devreye girmesini gerektirir. Sonra bir de bakarlar ki kapının kolu terstir! Onu tutup bir sallarlar, farklı şeyler denerler ve bu kez "yukarı doğru kaldırınca" kapının açıldığını fark ederler. Bunu öğrendikten sonra zihinlerini tekrar otomatik pilota bağlarlar ve hayatlarına devam ederler. Bilinç ancak o küçük sorun anında devreye girer. Onun dışındaki bütün anlar, farkındalığın olmadığı şekilde "bilinçsiz"dir... O bilinçsiz anlarda tabii ki tam anlamıyla bilinçsiz değilizdir ancak zihnimiz ya yakın geleceğin yahut da geçmişin hesap kitaplarıyla meşguldür. Bu nedenle "o anda" ve "orada" bulunmamız çoğu zaman pek mümkün olamaz...

Kolu değiştirilmiş bir kapıyı açmayı anlık bir sorun olarak ele alırsak, dikkatimizi o anda oraya yönelttiğimiz için kısa bir zaman dilimi süresince bilinçli bir "şimdi"de oluruz. Fakat yaşamın geri kalan kısımlarında genellikle "otomatik pilotta" olduğumuz için "şimdi ve orada" olamayız. Bu seçim de aslında tamamen ekonomik amaçlıdır. Yani bize enerji tasarrufu sağlar.

Bilirsiniz, bazılarımız bisiklet sürmeyi çok zor öğreniriz. Ama sonra bize o zor gelen hareketler gittikçe otomatikleşir ve zamanla o karmaşık hareketler bütününü hiç düşünmeden yapabilecek hale geliriz. Zaten bisiklet sürerken sürekli aktif bilincimizi kullanmak zorunda kalsak pedal bile çeviremezdik! Çünkü genel olarak baktığınızda yapılan tüm hareketler oldukça girift bir örüntü sergiler ve eğer bilince bağlı olsaydık, ustalaşma ve ilerleme göstermemiz mümkün olmazdı. Beynin esas uzmanlık alanlarından birisi de işte budur: Ne kadar karmaşık olursa olsun hareketleri zamanla otomatik pilota alır ve bilincimizi olası daha ciddi sorunlar için "serbest" bırakır.

Aslında beyin, bir "kestirim" cihazıdır. Genişlemiş "zaman algısı" da bu işteki ustalığımızın temelinde yer alır. Beynimiz genel rutininde az sonra olabilecek olası durumları tahmin eder, sayısız benzeşimler (simülasyonlar) yapar, en uygun davranışları seçer ve sonuçtaki durum beklentilerimize uygunsa bizi (bilincimizi) hiç uyandırmadan hayatımıza devam edebilmemizi sağlar. O yüzden kişisel gelişimi ve beyin geliştirmeyi amaçlayan birçok öğretide "Yaptığınız işi/yaşadığınız yeri değiştirin, eve giderken farklı yollar deneyin, dişinizi bazen diğer elinizle fırçalayın..." gibi basit taktikler verilir. Bunlar çeşitli düzeylerde işe de yarar. Zira beyni şaşırttığımız zaman beyin ayılır ve "Bir dakika, burada bir sorun var!" diyerek bilinçli çözüm moduna geçer. Fakat hiçbir sürpriz yoksa o da otomatik pilotta kalıp asgarî enerjiyle çalışmaya devam eder.

Enerji tasarrufu kulağa hoş gelse de uzun vadede beynimizin birçok yeteneğini kaybetmesini ve bunamalara kadar giden olumsuz durumların ortaya çıkmasını kolaylaştıracak bir vasat da onunla beraber kendiliğinden oluşmuş olur.

Bu sayfalarda anlatacağımız bütün fabrika ayarlarımız için de geçerli olan temel bir kuralı burada da tekrarlayalım:

Meydan okuma ve zorluklar bizi geliştirir; rutin ve basmakalıp işler ise adeta öldürür...

STRES BİYOLOJİSİ

Buraya kadar uzun uzun yazdığım ama ancak minik bir kısmını özetleyebildiğim zaman algısı ve anda kalma sorunları, bu noktadan sonra tartışacağımız "stres" konusunun insan için neden farklı bir şekilde ele alınması gerektiğinin de alt yapısını oluşturacak diye umuyorum. Zira bu bölümde "zararlarından" bahsedip çarelerine odaklanmaya çalışacağımız o stres sistemleri, tabiattaki tüm canlıları hayatta tutan en temel savunma mekanizmalarından birisiyken insanı kelimenin tam anlamıyla "öldürebilen" bir eziyete ve soruna dönüşebiliyor. Bunun da en önemli nedeni, insanın "psikolojik stres üretebilen tek canlı" olması. Bu bölümde buraya kadar anlatmaya çalıştığım tüm örnekler, bu psikolojik yahut zihinsel stres üretme mekanizmalarının parçalarını oluşturur. Bu stresi yönetmeyi öğrenemezsek, maalesef hem beden hem zihin sağlığımız bundan çok olumsuz şekillerde etkilenebiliyor.

STRES NE İŞE YARAR?

"Stres" kelimesi belki de modern yaşamın en belirleyici kelimelerinden birisi haline gelmiş durumda. Stres; organizmanın yaşamasını, beslenmesini, üremesini ve diğer faaliyetlerini zora sokan herhangi bir durum karşısında gösterdiği tepkiler için kullandığımız genel bir terimdir.[43] Latince "strictus" kökünden türetilmiş, İngilizcede *stress* ve Fransızcada da *estresse* olarak karşımıza çıkan bu kelime; Türkçede "daralma", "sıkışma" veya "kabz" gibi karşılıklara sahiptir. Tüm canlıların çevrelerindeki değişimlere uyum sağlayabilmeleri için temel bir mekanizma olarak stres biyolojisi ise sıkıntı yaratan hallerin faydaya dönüştürülebilmesini sağlayan tepki mekanizmalarını inceler. Dolayısıyla bir hali "stres" olarak adlandırabilmemiz için organizmanın herhangi bir şekilde varlığını ya da faaliyetlerini tehlikeye sokan, onları engelleyen bir durumla karşı karşıya kalmış olması gerekiyor.

Tüm canlı bedenler, hayatta kalmayla ilgili işlevlerinde meydana gelebilecek herhangi bir engellenme veya eksiklik durumuna karşı yanıt üretebilme mekanizmasıyla donatılmak zorundadırlar. Böyle bir sistem yoksa canlı bedeni kendini değişen şartlara karşı koruyamaz ve adapte edemez. Açlıktan sıcaklığa, yalnızlıktan kan sıvımızdaki tuz eksikliğine kadar aklımıza gelebilecek "rutin ve

---

43 Stres kavramının bizde strese neden olmasının en önemli nedenlerinden birisinin de çok farklı sıkıntı durumlarının sadece "stres" kelimesi ile karşılanması olduğunu düşünmeden edemiyorum. Zira bir dilde benzer ama aralarında ufak farklar olan durumları niteleyecek ne kadar farklı kelimeniz varsa, o kavramlara dair farkındalığınız ve kavramların farklarına dair algı çözünürlüğünüz o derece artar. Çünkü beynimiz (zihnimiz) dil ile düşünür (*Kimsenin Bilemeyeceği Şeyler,* Tuti Kitap, 2015). Halbuki Türkçemizde temelde "sıkıntı" anlamına gelen ama çok farklı sıkıntılı durumları nitelemek için kullandığımız stres kelimesinin farklı durumlarını karşılayan "gam, kasvet, keder, inkisar, ızdırap, hüzün, kahır, yeis, efkâr, tasa, dert, mihnet, elem, üzüntü, sıkıntı, kaygı..." gibi birçok kelimemiz mevcuttur (yahut mevcut idi). Bu anlamların hepsini tek kelimeye sıkıştırdığımızda bu farklı zihin durumlarını tanıyamaz ve anlamlandıramaz oluruz. Dil yeteneğini ve kelime dağarcığını genişletmek "stresi yönetebilmek" için iyi bir başlangıç hamlesi olabilir.

normal dışı" her durum ve değişiklik, stres yanıtlarını tetikleyebilen uyaranlardır. Ancak bu sayede bunlara karşı önlemler alabilir ve hayatlarımızı sağlıklı bir şekilde devam ettirebiliriz. Dolayısıyla tabiatta stres ve bedenimizin strese karşı ürettiği reaksiyonlar hayatta kalma açısından temel teşkil ederler.

Beynimizin "bir hareket kontrol sistemi" olduğundan en başta bahsetmiştik. Bu hareket kontrol sistemi, stres durumlarında da o stres unsurunu en aza indirebilecek hareket veya faaliyetler dizisini devreye sokmaya yarar. Bu faaliyetlerse bedenen stres oluşturan duruma karşı bir hareket tepkisi oluşturmaktan tutun da belirli hormonlar ve enzimler salgılamaya kadar sayısız farklı tepki çeşidinin farklı kombinasyonlarından oluşur.

OTONOM SİNİR SİSTEMİ: PARASEMPATİK SİSTEM VE SEMPATİK SİSTEM

Vücudumuzda bütün hayvanlarda aynıyla var olan birçok farklı sistem var. Kedide, köpekte, kertenkelede yahut su aygırında olan bu sistemlerden birisi de bedenimizin iç çalışma ritmini düzenleyen ve aynı zamanda sıkıntılı durumlara uygun yanıtlar üretmemizi sağlayan "otonom sinir sistemi"dir.

"Otonom" tabiri, bize kendi kendine çalışan, bilinçli müdahalemize açık olmayan bir sistemi işaret eder. Gerçekten de çoğu zaman kendi başına çalışır ve biz neler olup bittiğini anlamadan bedenimizin tüm tepkilerini kendi kendine ayarlar. Öte yandan sistem ancak sınırlı olarak otonomdur. Yani bilinçli zihnimizin durumları da aslında bu sistemin çalışmasını etkiler. Hem de çok ileri düzeyde... Limon düşündüğünüz zaman ağzınızın sulanması buna çok iyi bir örnektir. Zira tükürük salgısı da diğer birçok faaliyetimizde olduğu gibi otonom sinir sisteminin kontrolündedir.

Günlük yaşamda otonom sinir sisteminin yönettiği faaliyetler o kadar hayatî ve karmaşıktır ki işler çoğu zaman zihnimizin bilinçli kısımlarına hiç danışılmadan hızla ve otomatik olarak, kendiliğinden düzenlenir. Bu sistemin yönetim merkezi ise beynimizin tam orta kısmında bulunan hipotalamus ile onun altında kalan beyin sapı kısımlarıdır.

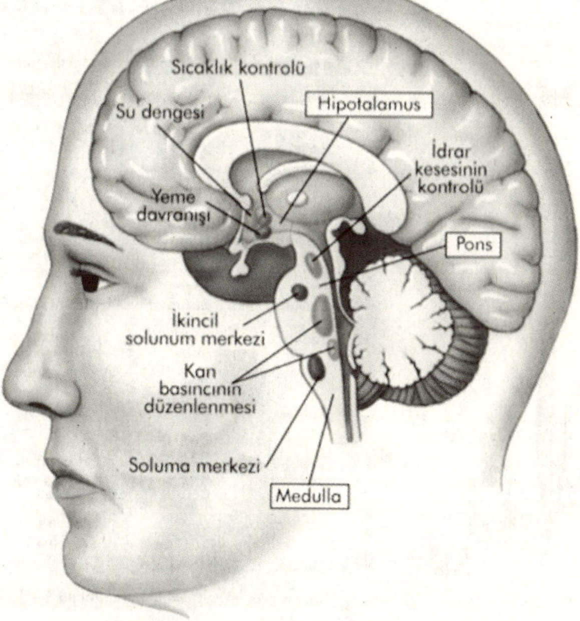

GÖRSEL 9: Otonom sinir sisteminin en üst kontrol merkezi olan hipotalamus ve diğer ilişkili yapıların şematik gösterimi. Beynimizin orta-alt kısımlarında yerleşmiş bu minicik beyin dokusu, inanılmaz karmaşıklıkta ve çeşitlilikteki işlevlerimizi yöneten sayısız merkez içerir. Ayrıca altında yer alan beyin sapı merkezleri de burada birkaç örneğini gördüğünüz yaşamsal işlevlerimizin tamamının sorunsuz işlemesi gibi zor bir görev yüklenmiş durumdadır.

OTONOM SİNİR SİSTEMİNİN KISIMLARI

Bedenimizin tüm bu otomatik işlevlerini yürüten sinir ağları, iki farklı işlevsel birim altında öğretilir. Bunlar "sempatik" ve "parasempatik" sistemler olarak adlandırılır. Bu iki sistem aslında bedende birbirinden ayrı organlar, sinirler yahut yapılar şeklinde bulunmaz; sinir sisteminin bütün bedeni saran karmaşık sinir ağları içinde, birbiri içine geçmiş ve birlikte hareket eden büyük bir anatomik birliğin işlevsel parçalarıdırlar. Temel kontrol merkezleri farklıdır ancak işlevleri hep birlikte ve birbirleri ile yakın ilişki halindedir.

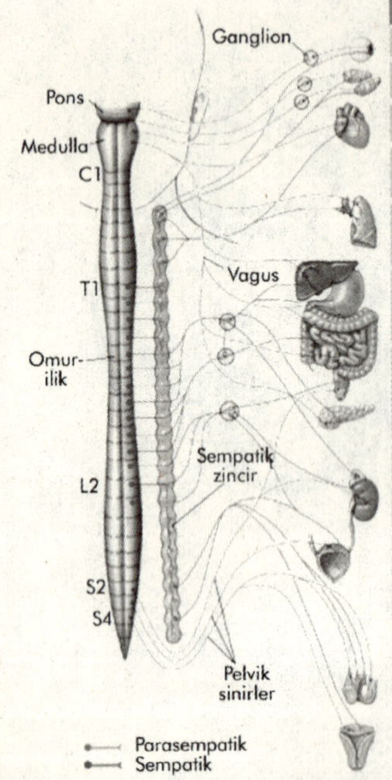

HEDEF	Parasempatik	Sempatik	Adrenerjik-R
Pupil	Daralma	Genişleme	α
Tükrük bezleri	Sulu salgı	Mukus-enzim	α ve β
Kalp	Yavaşlama	Kasılma artışı	β1
Arterioller venler	----- -----	Daralma Genişleme	α β2
Akciğer	Bronşta daralma	Gevşeme	β2*
Sindirim kanalı	Hareket ve salgı artışı	Hareket ve salgıda azalma	α, β2
Pankreas (exo)	Enzim salgısı artar	Enzim salgısı azalır	α
Pankreas (endo)	İnsülin salgısı artar	... baskılanır	α
Ad. medulla	-----	Katekolamin salgısı	---
Böbrek	-----	Renin salgısı	β1
İdrar kesesi	İdrar yapma	İdrar tutma	α, β2
Yağ doku	-----	Yağ yıkımı	β
Ter bezleri	-----	Bölgesel terleme	α
Genital	Ereksiyon	Ejekülasyon	α
Uterus	Döngü durumuna bağlı		α ve β2

GÖRSEL 10: Otonom sinir sisteminin genel şeması. Sol yanda beynimizin altından itibaren omuriliğin ve onun üzerinde de otonom sistemin kontrol istasyonlarının yerlerini görebilirsiniz. Ortada, bu sistemin sinirlerle ulaştığı ve faaliyetlerini kontrol ettiği esas organlar ve sağ kısımda ise bu organlara yaptıkları belli başlı etkilerin örnekleri listelenmiş. Bu çizimden de genel olarak göreceğiniz gibi bedenin her noktasına dağılan ve çok farklı işlevleri kontrol eden, yaygın ve karmaşık bir sistemle karşı karşıyayız.

Sempatik ve parasempatik sistemler, aynı sinir sisteminin içinde birbirlerine zıt (yahut birbirini tamamlayıcı) faaliyetleri kontrol etmekle görevlidirler. Biz rahat ve keyifliyken, güzel bir yemeğin sonrasında bedenen ve zihnen gevşemişken veya dinlenme durumundayken vücudumuzda hâkim olan sistem, parasempatik sistemdir. Bu gibi süreçlerde, parasempatik sistemin vücuttaki bütün dokulara gönderdiği sinyaller sayesinde dinlenme, uykuya geçiş, onarma gibi yapıcı faaliyetlerin gerçekleştirilebileceği ve zihnimizin genel olarak rahatlamasını sağlayan bir beden durumu oluşturulur. Böyle anlarda sindirim sistemimiz daha iyi çalışır, beyin dalgalarımız yavaşlar, göz bebeklerimiz küçülür, kaslarımız gevşer, kan dolaşımımız azalır, vücut sıcaklığımız düşer, kalbimiz daha yavaş atmaya başlar ve genel bir sükûnet hali bedeni kaplar. Bu nedenle bu sisteme "kestir ve sindir" (*rest&digest*) sistemi de denir.

Öte yandan bedenin ilave enerji harcamasını gerektiren, hareket isteyen, herhangi bir sıkıntılı durumun üstesinden gelinmesinin gerektiği durumlarda ise bu kez sempatik sistem devreye girer ve parasempatik sistemin bu rahatlatıcı etkilerini geçici olarak askıya alır. İster egzersiz yapılsın ister karnımız acıksın isterse tansiyonumuz normalin altına düşsün, bedenimiz hızla sempatik sistemin komutları ile harekete geçirilmeye çalışılır. Susamaktan kaçmaya, savaşmaktan olduğumuz yerde donakalmaya kadar birçok farklı tepkiyi üretebilen sempatik sistem, bedenin enerji ve stres ihtiyacını karşılamaya yönelik tüm önlemleri devreye sokabilir. O nedenle bu sisteme de "savaş veya kaç" (*fight or flight*) sistemi adı da verilir.

Hayvanlar âleminde sempatik sistem uyarımının temelde üç etkisini görebiliriz: Savaşma, kaçma ve donma. Savaşma ve kaçma, bedeni o sıkıntılı durumdan kurtarabilmek için bir aksiyon almayı sağlar. Donma tepkisi ise tehlike geçene kadar hareketleri en aza indirip o olumsuz durumun geçmesini bekleme amacı taşır. Birçok hayvanda rastladığımız "ölü taklidi yapma" davranışı da yine bu sistemin faaliyetlerinin bir sonucudur.

Savaşma veya kaçma durumlarında, az evvel parasempatik sistemin bedende yaptığı etkilerin tam tersi gerçekleşir. Mesela sempatik sistem devredeyken yani savaşma ve kaçma tepkisi söz konusu olduğunda sindirim sistemi hemen yavaşlar hatta durma noktasına gelir. Çünkü sindirime harcanacak enerjiyi o sırada başka sorunlar için harcamaya ihtiyacımız vardır. Kalbimizin atışı hızlanmaya başlar, kaslarımız gerilir, kaslarımıza giden kan akımı ileri düzeyde artar, beynimizi uyandıran sistemler harekete geçirilir, beyin dalgalarımız hızlanır, göz bebeklerimiz genişler, kan damarlarımız daralır ve bunun sonucunda vücudumuzdaki kanın basıncı artar. Ayrıca az sonra konuşacağımız adrenalin ve kortizol gibi hormonların salgılanması ile bu tip etkiler tüm bedene hızla yayılır. Böylece bedenin o sıkıntılı durumun üstesinden gelebilmesi için gereken tüm tedbirler devreye sokulmuş olur.

Bu sistemin büyük bir kısmı her bir organın ona bağlı ayrı sinir lifleri ile tek tek uyarılmasına dayanır. Fakat bir de ayrıca bedendeki topyekûn "seferberlik" çağrısını harekete geçirebilmek için, stresli durumlarda devreye giren sempatik sistemin, biraz farklı çalışan ve değişime uğramış bir elemanı daha vardır. Bu eleman, her iki böbreğimizin üzerinde yer alan böbrek üstü (adrenal[44]) bezlerinin iç (medulla) bölümleridir. Böbrek üstü bezlerinin dış kısmı farklı hormonlar salgılayan ve embriyo döneminde bambaşka bir kaynaktan gelişen karmaşık bir hormon bezi iken, medulla yani iç kısmı, değişime uğramış bir sempatik sinir sistemi parçasıdır. Bedenimizde yüksek enerji sarfiyatı gerektiren bir durum ortaya çıktığında harekete geçen sempatik sinir sistemi, böbrek üstü bezlerini de uyarır ve bu uyarım sonucu kan dolaşımına adrenalin dediğimiz kimyasal haberci salgılanır. Adrenalin bedendeki tüm dokulara ulaşarak söz konusu stresli, tehlikeli yahut ilave bedensel faaliyet gerektiren durumda bedenin tam kapasitede bir orkestra gibi çalışmasına yardım eder. Sempatik sinir sisteminin buraya kadar özetlediğimiz tüm faaliyetleri oldukça hızlı, saniyeler içinde devreye girebilen tepkilerdir ve âni tehlike durumlarında hayatta kalmamız yahut atak hareketlerle amacımıza ulaşmamız için son derece önemlidir.

OTONOM SİNİR SİSTEMİNİN DOĞAL DENGESİ

Tabiata baktığımızda bu iki farklı sistem tüm hayvanlarda tipik bir gün içinde sürekli bir denge durumunda çalışır. Bir stresle karşılaştığımızda sempatik sistem devreye girer. Sakinleştiğimizde ve o sıkıntılı durumu atlattığımızda ise parasempatik sistem hâkim hale gelir. Bu iki sistemin gün içinde sürekli karşılıklı bir denge halinde çalışması, bizi duruma göre uygun işlevler üretebilen ve hayatta kalıp görevlerini sağlıklı bir şekilde îfâ edebilen canlılar halinde tutar.

---

44 Adrenal kelimesi Latince Ad (üzerinde) ve Rena (böbrek) kelimelerinin birleşmesinden oluşur. Eş anlamlısı olan Epinefrin kelimesini daha az kullanıyoruz (Epi: üzerinde, Nefron: böbrek). Medulla ise "orta", "öz" veya "soğan" anlamlarına gelen bir başka terimdir. Böbrek üstü bezlerinden salgılanan esas kimyasalın adına ise "adrenalin" yahut "epinefrin" diyoruz. Her ikisi de aynı maddeyi temsil eden, aynı anlama gelen kelimelerdir.

Tüm beden sistemlerinde olduğu gibi otonom sinir sisteminin de temel görevi bizi, biyolojide adına "homeostazis" dediğimiz "iç ortamın sabitliği ve kararlılığı" noktasında tutmaktır. Bir tehlike, susuzluk yahut açlık gibi iç durumumuzu riske sokabilecek durumlarda devreye giren sempatik sistem, bir şekilde çare üretmemizi kolaylaştırır. Tehlike yahut aşırı fiziksel faaliyet ihtiyacının olmadığı "normal" durumlarda ise parasempatik sistem baskın hale gelerek beden işlevlerinin normal ve yapıcı bir düzeyde gerçekleştirilebilmesini sağlar.

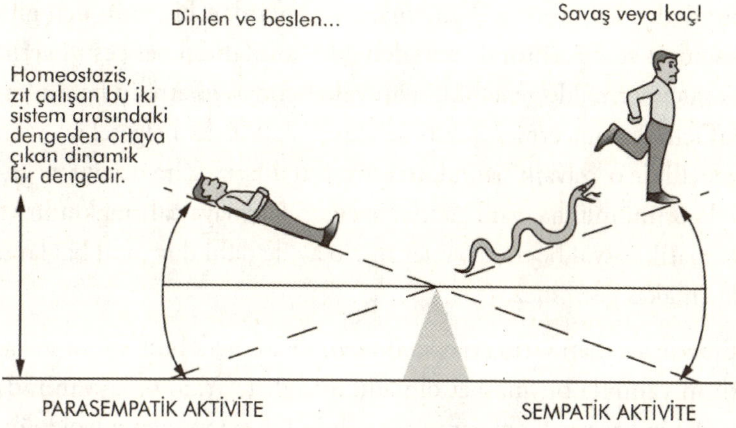

GÖRSEL 11: Otonom sinir sistemimizin birbirini tamamlayıcı şekilde çalışan iki dalı, parasempatik ve sempatik sistemler. Tehlike veya enerji gerektiren bir faaliyet olmadığında bedene hâkim olan parasempatik sistem, böyle durumlarda yerini sempatik faaliyete bırakır.

HAYVANLAR ÂLEMİNDE OTONOM SİNİR SİSTEMİ

Otonom sinir sisteminin çalışma prensibi yeryüzündeki hemen bütün hayvanlarda aynıdır. Hayvanlar âleminde otonom faaliyetlerin genel ritmine bakmak, kendimizdeki sistemde nelerin ters gidebileceğini anlamak için iyi bir başlangıçtır. Belki en azından belgesellerde görmüşlüğümüz vardır: Yırtıcı hayvanların ceylan yahut antilop gibi hayvanları kovaladığı sahneleri mesela gençler genellikle heyecanla izlerler. Bu sahnelerde aslında filme alınan şey, iki taraflı ciddi bir stres reaksiyonudur.

Av konumundaki antilop, avcının kokusunu aldığında bedeninde aniden bir "kaçma" tepkisi tetiklenir ve deliler gibi koşmaya başlar. Yakından bakılabilse, göz bebeklerinin kocaman olduğu, kalbinin adeta çıldırdığı, nefesinin sıklaştığı ve kaslarına giden kan akımının normalden katbekat fazla arttığı rahatlıkla izlenebilirdi. Fakat bu kovalamacada bedeni stres reaksiyonu ile coşan sadece av değildir. Avcı hayvan da aynı durumdadır. Onun stresinin kaynağı ise "açlık" ve "beslenme güdüleri"dir. Sempatik sistemiyse "savaş-avlan" reaksiyonunu başlatmak üzere, av olacak hayvanın bedenindekine çok benzer bir dizi tepkiyi devreye sokmak zorundadır. Bu ortak mekanizma, hayvanlardan birisinin deli gibi kaçması ve diğerinin de onu deli gibi kovalaması neticesini verir. Sonuç; normalde genellikle avın yakalanması ve stresin her iki taraf için de sona ermesi şeklinde olur. Fakat bizler belgesel izlerken genellikle o "zavallı" avın kurtulmasını dileriz. Zira o zayıf ve güzel görünümlü hayvan, gaddar avcıdan kaçmaya çalışmaktadır ve empatik sosyal beyin devrelerimiz o av ile dahi duygusal bağlantı kurmakta gecikmez.

Elbette avlanan yırtıcı hayvanın evinde bir açık büfe yahut yuvasının yanında bir market olmadığını biliriz. Yani o hayvanın da beslenip hayatta kalmasının tek yolunun o avı yakalamak olduğunun farkındayızdır. Ama mazlumu kayırma güdümüz nedeniyle genellikle antiloptan taraf oluruz. Belgesel yapımcıları da bu güdülerimizi iyi bildiğinden bize genellikle sonu av için mutlu, avcı için ise başarısızlıkla biten kovalamacaları gösterirler. Heyecanlı bir müzik eşliğinde bir süre deliler gibi süren kovalamaca, ekranlarda çoğu kez yırtıcı hayvanın pes ettiği ve avlanmaya çalışılan hayvanın kurtulduğu mutlu bir sona bağlanır.

Kovalamaca bittikten sonra ise çekim devam eder ve çoğu zaman pek kimsenin dikkatini çekmeyen garip ve hızlı bir dönüşüm olur. Az önce deliler gibi kaçan ve kovalayan o hayvanlar, bir iki dakika içinde gayet sakin ve dingin bir şekilde hayatlarına geri dönerler. Mesela avını kaçıran bir çitanın kendini yerlere atıp hayal kırıklığı içinde ah vah ettiğini hiç görmeyiz. Yahut avcıdan kurtulan bir antilobun "Beni bir daha ne zaman kovalayacak acaba? Allah'ım bu hayat böyle geçer mi? Annemi de babamı da bunlar yedi... En iyisi ben canıma kıyayım!" diye bunalıma girdiğine hiç şahit olmayız. Az evvel sempatik sistemin komutlarıyla coşan bedenleri bir an sonra parasempatik sistemin devreye girmesiyle gayet sakin ve dingin bir hale gelir.

Tabiatta strese yanıt vermekle görevli sistemler işte böyle "bağlama göre" çalışır. Bu açıdan baktığımızda, tabiattaki hayvanların tümünde, yaşamları boyunca baskın olan otonom sinir sistemi dalının "parasempatik" dal olduğunu görebiliriz. Zira sadece tehlike anlarında devreye giren bu sistem, tehlike geçtikten sonra yerini parasempatik sükûnete bırakır ve işler yolunda gittiğinde hayvanların dert edeceği pek fazla bir durum yoktur.

İnsanda ise durum -açık ki- biraz farklıdır. Geçenlerde bir sınavdan "beklediğinden biraz daha düşük bir not aldığı için" iki gözü iki çeşme ağlayan ve kızgınlıkla soluyan bir öğrencimi teselli etmeye çalışırken, insanın bu farkını tekrar düşünmeden edemedim. Böyle durumları görünce aklıma nedense hemen her zaman, seneler evvel televizyonda gördüğüm kritik bir penaltı vuruşunu kaçırdığı için haftalarca kendini bir türlü affedemediğini anlatan o kızgın ve üzgün futbolcu gelir (adını dahi hatırlamıyorum).

Bu örneklerin ortak noktası, söz konusu stres reaksiyonunu zihinlerinde kurguladıkları bir hedef-isabet karşılaştırması neticesinde faaliyete sokabilmeleridir. Aşırı gelişmiş beyinleri, geçmişte kalmış olsa da yaşanan "beklentilere aykırı durumun" acısını çekmeye, ona yönelik stres tepkileri üretmeye devam eder. Bu, hayvanlar âleminde hiç görmediğimiz bir durum.

Öte yandan bölümün baş kısmında anlatmaya çalıştığım gibi bu genişlemiş zaman algımız, henüz olmamış ve hatta ihtimali dahi ufukta belirmemiş olay ve olasılıklara karşı da stres tepkileri üretmemizi sağlar. Sınav haftalarında öğrencilerimizin büyük bir çoğunluğunun neredeyse hafta boyunca yaşadığı kabızlık, enfeksiyon, halsizlik, uykusuzluk veya çarpıntı gibi sorunlar, yakın gelecekteki olası bir olumsuzluğu sürekli zihinlerinde çevirebilmelerinden ileri gelir. Az sonra HPA ekseninden bahsederken, bu uzun süreli stresin bedenlerde nelere yol açtığını daha iyi anlayacağız. Fakat görüldüğü gibi zihnindeki "sanal" hesaplardan dolayı "hiç yoktan" stres ve sıkıntı üretebilen bir canlıyla hatta muhtemelen tek canlıyla karşı karşıyayız. Bu da insanın durumunu ayrı bir şekilde ele almamızı zorunlu kılıyor.

Otonom sinir sisteminin tabiattaki dengesini insanda görememe nedenimizin, onun aşırı gelişmiş zihinsel yetenekleri olduğunu hemen fark edebiliyoruz. Zihinsel ve psikolojik olarak stres üretebilen tek canlı olduğumuz için, stresi yönetmek zorunda kalan tek canlı da biz oluyoruz. Bu durum sadece bizi strese sokmakla kalmıyor; bedenimizi ve beynimizi de uzun dönemde son derece olumsuz etkileyerek hem zihin hem de beden sağlığımızı tehdit eden en önemli sağlık sorunlarından birisi haline geliyor. O nedenle İnsanın Fabrika Ayarları'nda stres başlığının çok önemli bir yeri var.

STRESİN HORMON YOLU: HPA EKSENİ

Beynimiz duyusal olarak aldığı bilgilerle bir stres algıladığında, bedende bir dizi ilginç hadise gerçekleşir ve bu hadiselerin sonucunda adına "HPA stres ekseni" dediğimiz bir cevap mekanizması devreye girer. Bu ilginç mekanizmayı şimdi kısaca (ve çok kabaca) özetlemeye çalışalım:

Duyularımız aracılığıyla beynimize akan tüm veriler, beynimizin en tepesindeki en üst işleme merkezlerini içeren beyin kabuğuna gelir. Burada dikkat ve odaklanmamıza bağlı olarak işlenen veriler önce anlamlandırılır. Ardından da duygusal olarak ne anlama geldiklerinin çözümlenmesi için "limbik sistem" dediğimiz duygusal beynimize iletilirler. Buradaysa veriler daha önceki deneyimlerle karşılaştırılır ve bunlara "duygusal etiketler" atanır. Eğer bu veriler arasında "stres oluşturacak" yani bize korku, öfke, hayal kırıklığı, beklentilere aykırılık gibi durumlar yaşatacak deneyimler varsa, bunlar uygun duygularla işaretlenir ve bu duygular tekrar beyin kabuğuna iletilir.

Bu arada duyguları "hissedebilmemiz" için bedenimize de birtakım sinyaller gönderilir. Kalbimizin hızlanması, ağzımızın kuruması, dizlerimizin titremesi gibi (az önce sempatik otonom sinir sistemini konuşurken kısmen zikrettiğimiz) tepkiler buradan gelir. Stres oluşturacak olan durumların tespit edilmesi halinde bu bilginin gittiği önemli bir yer daha vardır: Hipotalamus. Otonom sinir sistemimizin en üst kontrol merkezi olan hipotalamus, aldığı bu bilgiyle hemen otonom sinir sisteminin stresli durumlarda devreye giren parçası sempatik sinir sistemini uyararak tüm bedende az evvel özetlediğimiz stres tepkilerini üretir. Bunun yanı sıra, hemen altında yer alan hipofiz bezine haber vermek üzere, beynin içindeki kan damarlarındaki kana CRH kısa adlı hormonu salgılar.

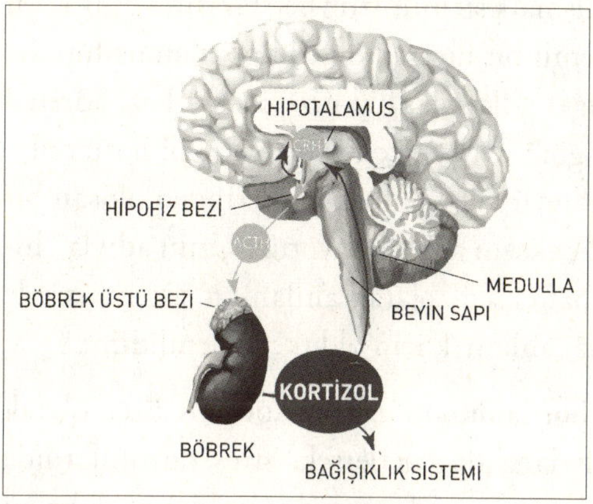

GÖRSEL 12: HPA Ekseni ve kortizol hormonunun salgılanma basamakları. Detaylar için lütfen metne bakınız.

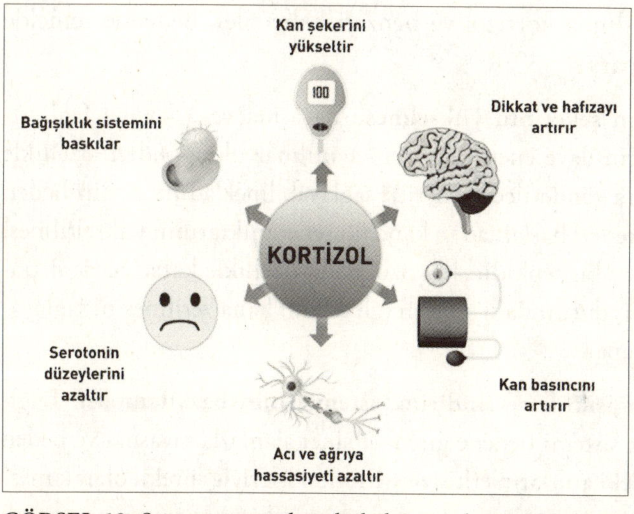

GÖRSEL 13: Stres sonucunda salgıladığımız kortizol hormonunun bedendeki genel etkilerinin özeti.

CRH, "kortikotropin salgılatıcı hormon" adlı bir habercidir ve temel görevi, biraz aşağıda bulunan hipofiz bezinden ACTH adlı bir hormonun kan dolaşımına salgılanmasını uyarmaktır. ACTH veya adreno-kortiko-tropik-hormon, adını oluşturan bu kalabalık kelimelerin de aslında anlatmaya çalıştığı gibi "böbrek üstü bezini harekete geçiren" bir hormon olarak işlev yapar. Beyinden salgılanıp tüm kan dolaşımı ile böbrek üstü bezlerine kadar ulaşan bu hormon, bu kez böbrek üstü bezlerinin korteks (kabuk) bölgesinden "kortizol" adlı bir hormonun salgılanmasını sağlar. Kortizol hormonu, bedenimizdeki uzun vadeli stres yanıtlarını yürüten ve neredeyse beden çalışma sistemimizin her tarafına etki eden son derece güçlü ve önemli bir hormondur. Hipotalamus-hipofiz ve böbrek üstü bezi (diğer adlarıyla; hipofiz-pitüiter bez, adrenal bez) sıralamasıyla işlev gören ve neticede kortizol gibi hormonları salgılatan bu hatta görevli bezlerin baş harflerinden oluşan bir kısaltmayla buraya HPA ekseni adını veriyoruz. Uzun adıyla "hipotalamo-pitüiter-adrenal eksen" olarak anılan bu sistem, stresle ilgili beden tepkilerimizi anlamak için oldukça önemlidir.

Görsel-12'de kortizol hormonunun neler yaptığını özet olarak görüyoruz. Bu etkileri daha da özetlersek, stres durumlarında bedenimizin nasıl bir duruma ayarlanmaya çalışıldığını daha iyi anlarız. Aslında kortizol ve benzeri haberciler, bedende temelde üç etki yapar:

1. **Kan şekerinin yükselmesi:** Savaşma veya kaçma faaliyetleri için ilave enerji ihtiyacı kaçınılmaz olduğundan, özellikle kaslara gönderilecek enerjiyi sağlayabilmek adına, henüz beden hareketleri başlamadan kandaki şeker miktarının yükseltilmesi akıllıca bir tepkidir. Kortizol bunu özellikle karaciğerde depolanmış durumdaki şekerin (glikozun) kana verilmesini sağlayarak yapar.

2. **Bağışıklık ve sindirim sistemlerinin baskılanması:** Bağışıklık sistemi bedene giren yabancı ajanlarla savaşma ve beden içindeki atıkların etkisizleştirilmesi işleriyle sürekli olarak meşgul bir sistemdir. Sindirim sistemiyle birlikte azımsanmayacak düzeyde de enerji harcar. Dolayısıyla acil bir "savaş-kaç" du-

rumunda, bedenin o an ihtiyaç duyabileceği enerjinin başka işlere harcanmasını engellemek üzere bağışıklık sisteminin ve sindirim süreçlerinin geçici bir süre yavaşlatılması da akıllıca olacaktır. Kortizol tam olarak bunu yapar ve enerjiyi o anda daha önemli olan kas ve salgı faaliyetlerine kanalize edebilmemize yardımcı olur.

3. **Beynin uyarılması:** Savaşma veya kaçma tepkilerinde en önemli kısım, uygun zamanda uygun hareketlerin devreye sokulabilmesidir. Bunun için de beynin normalden daha uyanık, daha kolay uyarılabilir ve "ajite" bir halde olması iyi bir seçimdir. Kortizol özellikle hafıza, karar verme ve refleks davranışların yönetimiyle ilgili merkezleri uyararak, beynin normalden çok daha üst bir uyanıklıkta ve uyarılmışlık düzeyinde çalışmasını sağlar.

Bu üç temel etki, tabiatta hayatta kalmaya çalışan her canlıyı mutlak tehlikelerden başarıyla koruyabilecek, akıllıca tasarlanmış ve tıkır tıkır işleyen sistemlerdendir. Fakat bu bölümün yazılmasının temel nedeni olan sorun, insanda bu sistemin aşırı çalışmasıdır. Aşırı gelişmiş zihinsel yeteneklerimiz nedeniyle bizler sadece düşünerek, ortada hiçbir stres unsuru olmasa da HPA eksenini devreye sokabiliyor ve dolayısıyla da kortizol düzeyimizi artırabiliyoruz.

Şimdi bir an durup geçmişte sizi rahatsız etmiş olan bir anınızı detaylı olarak düşünseniz ya da şimdi size bu sayfalarda acıklı ve eziyetli bir insan hikâyesi anlatsam (hatta uydursam) veya çok sevdiğiniz birinin ortada hiçbir neden yokken hayatını kaybettiğini düşünseniz; oturduğunuz yerde, hiçbir şey olmadan kortizol hormon seviyenizi yükseltebilir ve sempatik sinir sisteminizi coşturabilirsiniz.

Hatırlayınız; gerek HPA ekseni gerekse otonom sinir sisteminin sempatik sistem yanıtları olsun, bunların tamamı beyin kabuğundaki değerlendirme sisteminin çıktıları üzerinden gerçekleşiyordu. Bu düşünce ve hayaller de beynin benzer alanlarında üretilir ve beynimizin derinliklerinde yer alan stres yönetim merkezlerinin bunların "gerçek mi, kurgu mu yoksa hayal mi" olduğunu ayırt etme imkânları yoktur.

Beynimiz özellikle duygusal tepkiler söz konusu olduğunda gerçek ve sanalı, olanla hayali birbirinden ayırma konusunda çok başarısızdır. Bu nedenle zihnimizden geçen hemen her türlü "duygusal" içerik, bedenimizde "sanki gerçekmiş" gibi tepki bulur. Bu durum olumlu ve olumsuz her düşünce için de büyük oranda geçerlidir.

BİZİ SIKINTIYA SOKAN ŞEYLER

Hayvanlar âleminde stres yanıtının ne kadar yaşamsal olduğunu ve onsuz bir hayatı tahayyül edemeyeceğimizi gördük. Peki insanda bu sistem nasıl uyarılıyor? Ne zamanlar devreye giriyor? Nelerden strese giriyoruz? Bu sorunun cevaplarını alt alta dizmeye başlayınca stres konusunun bizde neden alarm çanları çaldırması gerektiğini de hemen fark edeceğiz.

Modern yaşam koşullarımızın aslında bizleri daha rahat ettirmek için tasarlandığını düşünüyor yahut öyle olmasını umuyoruz. Fakat genel tecrübemizin de gösterdiği gibi modern yaşam bizleri fazlasıyla strese maruz bırakıyor. Bunun temel nedeni de ürettiğimiz medeniyetin bize sayısız yeni dert ve düşünce armağan etmesi; ayrıca "ayarlarımızla" uyumsuz birçok "icat" ve uygulama sunabilmesi. Günlük yaşamda bizleri nelerin sıkıntıya soktuğuna, HPA eksenimizi nelerin faaliyete geçirdiğine dair birkaç örneğe hızlı bir bakış atalım:

İFA ile uyumsuz yaşam alışkanlıkları: Bu kitapta özetlemeye çalıştığım beş başlığın her biri, hayatımızdan çıktığında strese neden olabilecek başlıca meselelerdir. Hareketsizlik, aşırı ve dengesiz beslenme, yalnız kalma, gereksiz dertlerle dertlenme ve kendisine toplum tarafından çizilen sanal sınırların içinde yaşamaya çalışma; insanı strese ve sıkıntıya sokan önemli başlangıç noktalarıdır. Buna özetle "fıtrata aykırı yaşamak" da diyebilirsiniz. Her canlı, kendi bedeninde taşıdığı biyolojik donanım ve zihinsel özellikleri milyonlarca yıllık bir evrim mühendisliği sürecinden miras alır. Bu mirasın her bir parçasının da bir varlık nedeni, bir evrimsel öyküsü vardır. Bu özelliklere aykırı yaşamaya çalışmak, özellikle insanın başını derde sokan, onu stres dolu bir varlığa dönüştüren en önemli başlangıç noktalarından birisidir.

Belirsizlik: İnsan zihninin bir bölümü, özellikle de ön beyinde yer alan yüksek zihinsel işlev devrelerinin bir kısmı; doğrusal, neden sonuç ilişkisine bağlı, adımlara bölünebilen ve belirlenmiş (determinist) senaryoları sever. Alet edevat yapmamızdan bilim ve mantık üretebilmemize kadar birçok faaliyetimizi bu zihinsel melekelere borçluyuz. Bu yeteneğin zihnimizin ancak bir kısmını oluşturmasına rağmen modern medeniyetimizi ve teknolojimizi neredeyse tamamen bu determinist ve doğrusal algı üzerine inşa etmeye çalışmışız.

Bu zihin bölümünün en sevdiği şey "önünü görebilmek"tir. Çoğu kişi sabah gardırobunu açtığında bedeninde stres yanıtları üretilmeye başlanır. Çünkü "o gün ne giyeceği" konusundaki (aslında gayet doğal) belirsizlik çoğu modern insanı strese sokmaya yetecek bir nedendir. Seçenekler arttıkça belirsizlik ve sınırlı zihinsel kaynakların aşırı yüklenmesinden kaynaklanan bilişsel iş yükü de artar. Bunun doğal sonucu, strestir. Böyle bir stres kaynağına sahipseniz yapacağınız ilk şeylerden birisi gardırobunuzu biraz sadeleştirmek olabilir.

Doğrusal zihnimiz, başlangıç koşulları aynı olduğu takdirde sonucun hep aynı olması gerektiğini düşünür. İşler böyle yürüdüğünde ise huzurlu ve üretkendir. Fakat beklentilere ters bir şeyler olduğunda, işler her zamanki gibi yahut beklentilere uygun gerçekleşmediğinde, gelecekte olacaklar belirsiz ve öngörülemez halde karşımıza çıkınca bu sistem bir hoşnutsuzluk (yani stres) tepkisi üretir.

Bu ölçülü stres sayesinde önlem alır, bilgimizi genişletmeye gayret eder ve öngörülebilirlik yahut sorunu çözme konusunda yeni yaklaşımlar geliştirme becerilerimizi devreye sokabiliriz. Fakat bunu abartırsak yani mesela yaşlılığımızda yaşayacağımız hayatı önceden öngörebileceğimizi, geleceğimizi maddeten garanti altına alabileceğimizi, sağlıklı kalmanın yolunu zaten bildiğimizi, sevdiklerimizin bize hep aynı şekilde davranmasını sağlayacak kuralları çözdüğümüzü ve ruh durumumuzun artık değişmez olduğunu düşünmeye başlarsak; gerçeklikle açıkça çatışacak bu tip beklentiler ve zanlar, aksi durumda karşımıza çıkan her gelişmede bizi sıkıntıya sokar.

Ölmeyecekmiş gibi yaşamak, ölümü gerçek bir stres nedeni haline getirir. Halbuki ne zaman gelebileceği belli olmayan bir ölümün bilinci, yaşamın her ânını çok daha kıymetli kılar. Her an kaybedebilecek olma, sevmenin ve kıymet bilmenin anahtarıdır. Sadece doğrusal ve algoritmik bir zihinle yaşamak, belirsizlik karşısında stres yaşamamızın en büyük nedenidir. Oysa giriş bölümünde de belirttiğim gibi kaos, muğlaklık ve belirsizlik, tabiatın temel kurallarındandır. Bununla birlikte zihnimizin önemli bir bölümü kaosu anlama ve kaostan faydalanma konusunda derin bir atavî tecrübeye sahiptir. Tek yapmamız gereken, belirsizliği düşman değil, bazen fırsat olarak görebilecek bir zihinsel olgunluk noktasına erişmeye çalışmaktır.

Tekrarlayan düşünceler (ruminasyonlar): "Kendimi yetersiz hissediyorum", "daha çok çalışmam lazım", "yeterince okuyamıyorum", "bilgim ve görgüm yetersiz", "gündemi kaçırıyorum", "sağlıksız yaşıyorum", "yediklerimin hepsi yapay", "neden beni sevmiyor", "düşmanlarıma karşı tetikte olmalıyım"... Zihnimiz bu örnekler gibi binlerce otomatik düşünceyi gün içinde onlarca kez bilinç düzeyimize getirir. Onun işi budur. Adeta bir çaydanlıkta kaynayan suyun yüzeyindeki kabarcıklar gibi bir görünüp bir kaybolan ama devamlı fokurdayan bu tip düşünceler, zihnimizin ana işlevlerinden birisinin doğal yansımasıdır: Zihnimiz, sürekli düşünce ve olasılık üretmelidir ki önümüze çıkabilecek olası durumlara karşı hazırlıklı olabilelim. Sade bir hayatta bu tip spontan düşünceler oldukça faydalı olabilirken, belirsizlik ve karmaşıklık içinde yani günümüzün şehir yaşamında böyle bir zihin sürekli olarak gerilim ve stres üretir. Beynimizin stres yanıtları üretmekle görevli korteks altı "limbik" bölümleri, mantıklı ve bilinçli üst beyin bölgeleri gibi değildir. Bir tehdit algısı oluştuğunda o tehdidin gerçekliği veya olasılık düzeyi ile ilgilenmez. Tek yaptığı, ister hayal ister gerçek ister muhtemel isterse muhayyel olsun, zihne düşen stres yapıcı her türlü belirtiye tepki vermektir. Bu nedenle (ister olumlu isterse olumsuz olsun) düşüncelerimiz, bilinç dışı merkezlerimiz tarafından gerçekmiş gibi algılanır. Neticede, var olmayan tehlike ve olumsuz düşüncelere karşı da aynen gerçek tehdit ve sıkışıklıklarda olduğu gibi değişik düzeylerde stres yanıtı oluştururuz.

Çoğu insan, zihnin bu "gürültüsünden" bilinçli olarak rahatsızlık duyar. Mesela yoga ve meditasyon gibi tekniklerle yahut eğlence, uyuşturucu gibi müdahalelerle bu gürültüyü susturmaya çalışır. Bu çabaysa genellikle boşunadır. Zira düşünce üretmek, zihnimizin işlevidir. Aynen idrar üretmenin böbreklerimizin, nefes almanın da akciğerlerimizin işi olduğu gibi... Onları durdurmayı nasıl aklımızdan geçirmiyorsak, zihni durdurmaya uğraşmak da mantıksızdır. Onun yerine atılması gereken iki adım söz konusudur: Öncelikle zihinden geçenleri fark etmek, sonrasında ise olumsuz olanları olumlu veya yapıcı karşılıkları ile değiştirmek. Gerçek tefekkür, meditasyon veya farkındalık çalışmalarının temel amaçlarından birisi de zaten budur.

Kuru kalabalıklar: Sosyal beynimiz sıkı ilişkiler kurmak için yanıp tutuşurken, modern yaşam yüzeysel karşılaşmalar ve ilişkiler dışında bağlantı kuramadığımız binlerce insanla bizi aynı ortama doldurmuş durumda. Özellikle sanal sosyalleşme araçları, milyarlarca insanla yüzeysel temaslar üzerine inşa edilmiş oyalama araçlarına dönüştü. Gerçek ve çok boyutlu ilişkiler kurmaya göre ayarlanmış zihinsel sistemimiz, böyle bir vasatta büyük bir açlık ve yalnızlık endişesi yaşayabiliyor. Çoğu zaman eğlendirme ve vakit geçirtme kapasiteleri yüksek (sosyal medyadaki tüm uygulamalar gibi) sosyal oyunlara kapıldığımız için bu endişeleri fark etmesek de kendi başımıza kaldığımızda yahut gerçek hayatta dost bir omuz aradığımızda, bu boşluk hissi bizi çok daha derinden vurabiliyor. O eğlenceli ortamlarda vakit geçirirken bile her birimizin zihni, derinde bir yerlerde "bu ilişkilerin gerçek olmadığını" biliyor ve bu da bize bedenimize yansıyan stres reaksiyonları olarak geri dönebiliyor.

Odaklanamama: Etrafımız "bildirimlerle", "haberler"le, "şok gelişmeler"le ve sürekli değişen "trend"lerle çevrili. Çoğu kişisel etki ve bilgi alanımızın dışından gelen bu tür bilgiler, zihnimizi aşırı meşgul ediyor ve bizler gerçek yaşamlarımızda bizden ilgi bekleyen gerçek sorunlara çoğu zaman vakit ayıramıyoruz. Ailemiz, sevdiklerimiz, işimiz, elimizde bitirilmesi gereken görevlerimiz, komşuluk ilişkilerimiz ve hatta bireysel sağlığımız sürekli savsaklanıyor çünkü ilgimiz hep başka odaklarca çekiliyor. Bu odaklanma sorunu özellikle gençlerin "odaklanma devreleri"nin gelişmesini engelleyerek, ömür boyu dikkat ve odaklama sorunu yaşayabilecek bireylerin sayısının artışında etkin rol oynuyor.

Tüketme zorunluluğu: Modern toplum tüketim esasına dayalı, buna hiç şüphe yok. Kazandığımız parayı sürekli olarak bize "gerekli" olan şeylere harcamalı ve böylece ekonominin dönmesini, kâr edilmesini sağlamalıyız. Elbette bunu kimse bize böyle açıkça söylemiyor ama sistemin tüm kurgusu bunun üzerine inşa edilmiş. Sürekli olmasını arzu ettiğimiz ekonomik büyüme, tamamen bununla ilgili. Fakat bireysel düzeyde bu denli tüketim sadece maddî dengemizi bozmakla kalmıyor, aşırı kalabalıklaşan günlük yaşantımız nedeniyle zihnimizi ve bedenimizi farklı bir stres döngüsüne itiyor. Kocaman evler, gereksiz mutfak cihazları, mütemadiyen değişen ev eşyaları, işimizi süper kolaylaştıracak nice âlet ve icatlar, trend aksesuarlar ve daha binlerce şey sürekli ilgi alanımızda resmî geçit yapıyor. Yokluklar dünyasına ayarlı avcı-toplayıcı beynimiz ise bunlara karşı büyük oranda çaresiz. Bu stres kaynağının çaresi ise hepsinden daha bâriz: Tüketimi azaltmak, sadeleşmek ve bize neyin gerekli olduğunu iyi bilecek bir bilinç düzeyine kavuşmak üzere çalışmayı ihmal etmemek. Elbette ki söylemesi kolay, yapması zor...

Duramamak: Üzerinde günlerce düşünmemize rağmen çözemediğimiz bazı çetrefilli sorunları hiç alakasız bir zamanda zihnimizde beliriveren bir ipucu ile çözdüğümüz olmuştur. Bu tip durumlar gerçekten de nadir değildir ve birkaç yıl önce keşfedilen özel bir beyin şebekesi sayesinde artık neden böyle bir gariplik yaşadığımızı da biliyoruz. Varsayılan durum şebekesi (Default Mode Network-DMN) adı verilen bu geniş sinirsel ağ; bir insanın belirgin bir işe odaklanmadığı, zihninin boş ve tabiri caizse "bekleme" modunda[45] olduğu zamanlarda devreye

45 "Bekleme" demişken; gerçekten de bir kuyrukta bekleme yahut bir randevunuza erken gidip bekleme durumunda kalma gibi haller, DMN devresinin faaliyete geçmesi için aslında oldukça uygun zamanlardır. Fakat eğer bilinçli

giren bir "toparlama" faaliyeti gibi gözüküyor. Normal insanlarda DMN faaliyeti zihnin dağınık sıçrama süreçleri olarak karşımıza çıkıyor. Fakat meditatif pratikleri sıklıkla uygulayan insanlarda DMN faaliyeti de değişime uğruyor ve daha odaklı, o ânın farkındalığını daha keskin sağlayan bir duruma geçiş yapıyorlar.[46] İster meditatif alışkanlıkları olan birisinde isterse normal yaşam gaileleri ile boğuşan bir zihinde olsun, DMN faaliyeti zihnimizin çok ihtiyaç duyduğu hallerden birisi. Bu faaliyet sırasında ise bilincin kontrolü dışındaki zihinsel devrelerimiz, muhtemelen zihinsel süreçlerimizde ayrık parçaları toparlamaya ve aralarında yeni bağlantılar kurup bozmaya benzer bir iş yapıyor. (*Bu süreci eski tip bilgisayarlardaki "defragmantation" yani dosyaları birleştirme işlemine benzetmeden edemem!*) Bu süreçlerde de çoğu zaman zihnimizi arka planda meşgul eden bir soruna dair yeni bağlantılar ve çözüm yolları bulunabiliyor. Ayrıca zihnimizi meşgul eden tekrarlı düşüncelerin sükûnete erebilmesi için de yine böyle bir DMN sürecine ihtiyaç duyuluyor gibi görünmekte. Kısacası; durup bir süre aylaklık yapmak, hiçbir şeye kafayı takmadan sadece dinlenmek zannettiğimizden çok daha aktif bir zihinsel sürecin devreye girebilmesi için temel şartlardan... Bundan mahrum kaldığımızda ise "yorgun" ve "dağınık" beyin[47] sendromları diye anılmaya başlayan durumları yaşamamız gayet olası.

---

farkındalıkla ilgili bir çalışmamız veya niyetimiz yoksa çoğumuz bu bekleme anlarına katlanamaz, zihnimizi istemsiz olarak sıranın ne zaman bize geleceğine yahut sıramız geldiğinde ne yapacağımıza yönlendiririz. Bu en varsayılan alışkanlığımızdır. Benzer şekillerde, sadece beklerken ânın değişkenlerine odaklanmak yerine dünkü toplantıda söyleyebilecekken söylemediklerimizle yahut yakın veya uzak gelecekteki dertlerle zihnimizi meşgul ederiz. Bu durumda DMN faaliyeti ancak dağınık bir şekilde devreye girer ve belki de o anda en önemli sorunlarınızdan birisinin çözümünün aklınıza gelebileceği değerli bir fırsatı da kaçırmış olabilirsiniz. Kim bilir?

46 Tomasino ve ark. 2012; doi: 10.3389/fnhum.2012.00346

47 Dağınık ve yorgun beyin olarak ifade edilen durumlar modern insanın sıklıkla karşılaştığı ve bilişsel performansı olumsuz etkileyen durumların genel adıdır. Fiziksel yorgunluk, sinirlilik, sabırsızlık ve odaklanma sorunları ile karşımıza çıkan bu tip durumlar, toplumda maalesef gittikçe daha yaygın hale geliyor. Bu tip durumlarda farkındalık çalışmaları, nöro-biyo-feedback uygulamaları gibi yöntemler fayda sağlasa da en önemli önlem, kendi hayatımızda "fabrika ayarlarımıza" mümkün mertebe uygun sadeleştirmeler ve düzenlemeler yapmak.

SÜREĞEN (KRONİK) STRES

Yukarıda bahsettiğimiz sempatik sinir sistemi ve HPA ekseni gibi stres yanıtı yollarının ana amacı elbette bizi karşılaştığımız streslerle başa çıkabilecek hareketlere yönlendirmek ve böylece hayatta tutmaktır. Tabiattaki birçok koşulda bu sistemler harika iş çıkarırlar. Tabii ortamlarda ancak gerçek stres durumlarında devreye giren bu tip yanıt, hemen her zaman hayat kurtarıcıdır. Fakat söz konusu insan olunca, işler o kadar da net olmayabiliyor. İnsanoğlu; sanal, psikolojik ve zihinsel stres üretebilen tek canlı olarak, stres sistemini aşırı ve uzun süre uyarabilme özelliği ile yegânedir. Bu garip ve bize has özelliğimize bir de modern yaşamın eklediği ilave sıkıntı unsurları eklenince, modern dünyada stresin neden en önde gelen sağlık sorunu olduğunu anlamamız kolaylaşır.

Hayvanlar âleminde stresten ülser, kanser, spastik kolon yahut depresyon gibi hastalıklara yakalanan canlı görme şansınız neredeyse yoktur. Bu tip hastalıkları sadece insanlarda ve bir de insanlarla birlikte yaşayan ev hayvanlarında görebiliyoruz. Zira tabiatta ne insan medeniyetinin getirdiği aşırı zihinsel ve bedensel yüklenmeye neden olan şartlar ne de insandaki gibi zamanda uçuşan ve gerçek dışı endişelerle ömür geçiren zihinler vardır. Tabiattaki stres o nedenle hemen her zaman "akut" strestir. Tabiatta çok nadir durumlarda görülen süreğen yani "kronik" stres ise büyük oranda insana hastır ve dertlerimizin temelini oluşturur.

Süreğen stres hem beden hem de beyin için yıkıcı etkiler yapar. Öncelikle sürekli yüksek devirde çalışan bir motorun zamanla aşınmasına benzer şekilde adrenalin, kortizol gibi hormonlarca devamlı kamçılanan beden sistemi, belli bir zaman sonra arızalar vermeye başlar. Bu sinir ve hormon sinyalleri tüm organlara farklı şekilde ulaştığından, metabolizma sağlığımıza kadar her işlevimizi doğrudan etkileme becerilerine sahiptir. Karaciğerimizden yağ dokumuza, beyin devrelerimizden kaslarımıza kadar bedenin her yerinde süreğen stresin olumsuz etkilerini görebiliriz. Damar sertliği, kalp yetmezlikleri, metabolik sorunlar, böbrek problemleri, çeşitli kanser vakaları ve bazı otoimmün (bedenin kendi bağışıklık sisteminin aşırı çalışmasından kaynaklanan) sorunlar gibi birçok durumun stresle doğrudan yahut dolaylı biçimde ilişkili olduğunu artık iyice biliyoruz. Sürekli aktif bir sempatik sistemle yaşamak, tiroit hormonu gibi bedenin adeta "akordunu" yapan hormonların düzeylerinde kalıcı değişiklikler yapma ve bunları salgılayan hormon bezlerinde farklı düzeylerde hasarlar meydana getirme gibi sonuçlara gebedir.

Herkeste aynı derece ve biçimde ortaya çıkmasa da sürekli stres ve artmış sempatik faaliyet, birçok hastalığın kolaylaştırıcısıdır. En iyi bildiğimiz örnek belki de sindirim sorunlarıdır. Hatırlayınız: Sempatik sistem aktif olduğunda ilk baskılanan faaliyetlerden birisi sindirim faaliyetleriydi. Çünkü enerjimizi daha önemli bir tehdide yönelten sistem artık devreye girmişti. Ancak sindirim faaliyetinin uzun süre baskılanması, mide duvarındaki koruyucu tabakanın zayıflaması ve aşırı asit salgılanması nedeniyle gastrit ve ülser gibi sıkıntılarla; bağırsak hareketlerinin düzensizleşmesi nedeniyle kabızlık ve hatta spastik kolon, rahatsız (irritable) bağırsak sendromu gibi meşhur sıkıntıların ortaya çıkmasına yol açabilir. Sindirimdeki bu sıkıntıların zincirleme etkileri ise bu kitabın hacmini çokça aşacak sayısız patolojik durumu tetikleme potansiyeli taşır.

Yine sempatik sistem faaliyetinin bir parçası olarak kana salgılanan adrenalin sürekli yüksek miktarda olunca kalp kaslarında yorulmaya, buna bağlı olarak birçok kalp rahatsızlıklarına, kanda yağ asidi miktarının aşırı yükselmesine ve tüm bedende iltihabi tepkilerin zamanla birikmesine neden olur. Bu da yine birçok hastalığın temel ortak nedenlerinden birisidir.

HPA ekseninin son ürünlerinden olan kortizolün uzun süre yüksek düzeyde seyretmesi ise bir dizi iyi bilinen etkiye neden olur. Kortizolün bedendeki 3 temel etkisini tekrar hatırlarsak; bunların uzun süre boyunca devam etmesi, aşağıdaki üç temel istenmeyen duruma da rahatlıkla zemin hazırlar:

1. Sürekli kortizol etkisi ile kan şekerinin yükseltilmesi, pankreasımızdan kan şekerini düşürmek ve normal düzeylere getirmek için salgılanan insülin hormonunun salgılanmasını da dolaylı

olarak uyarır. Uzun zaman boyunca süren böyle bir etki, pankreasta insülin salgılamaktan sorumlu olan beta hücrelerinin ölmesine ve böylece "şeker hastalığı"nın tetiklenmesine neden olabilir.

2. Bağışıklık sistemimizin sürekli yüksek kortizol tarafından baskılanması, bedenimizi hem enfeksiyonlara açık hale getirmeye hem de yaygın iltihabi tepkimelerin artmasına yol açabilen bir etkiye sahiptir. Günümüzde gerek beyinde gerekse bedende başlayan birçok popüler hastalığın, bedenimizin her tarafında etkisini hissettiren "yaygın iltihabi reaksiyonlara" bağlı olduğunu biliyoruz. Bu süreğen (kronik) iltihaplanma (enflamasyon) aklımıza gelebilecek hemen hemen tüm hastalıkların başlangıç zeminini oluşturur. Ayrıca yine sürekli baskılanan bağışıklık sistemi, normal bir bedendeki sıradan işlerinden birisi olan kanser hücrelerini yok etme işlevini de zamanla yerine getiremez olur ve bunun da yol açabileceği sorunlar hepimizin mâlumudur.

GÖRSEL 14: Uzun süren (kronik) stres sonucunda kanda devamlı yüksek miktarda kortizol bulunmasının bazı yan etkileri. Beynimizden bağışıklık sistemimize kadar her yeri etkileyen bu hormon kısa dönemde hayatımızı kurtarırken, uzun dönemde çok yüksek seyrettiği takdirde hayatımızı tehlikeye sokabiliyor.

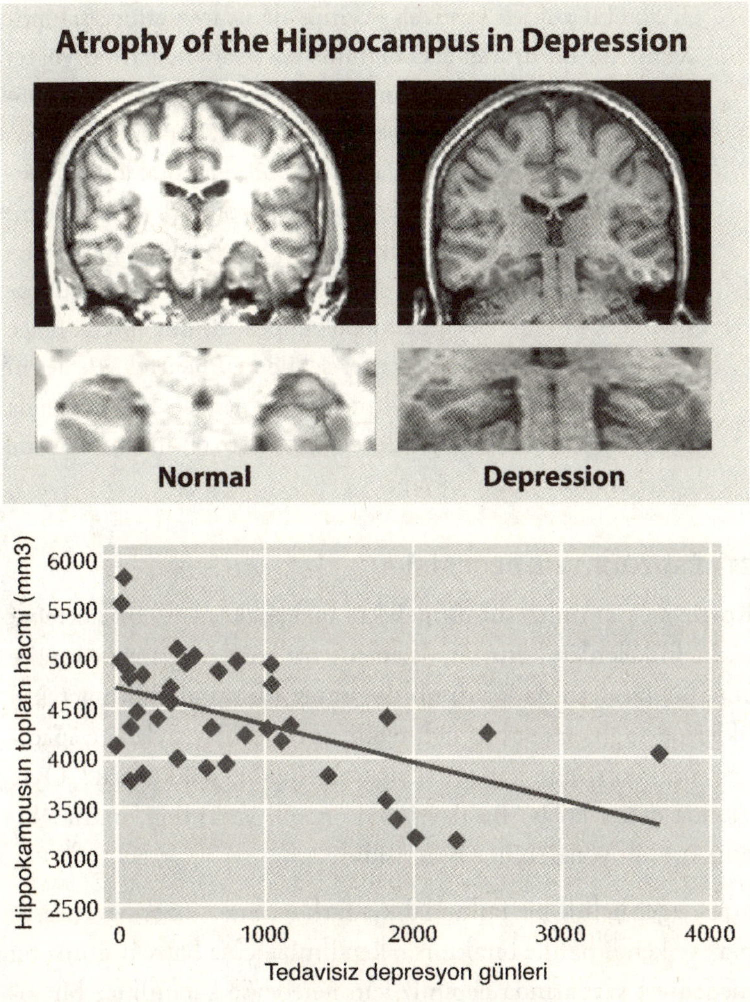

GÖRSEL 15:
Üstte: Uzun süre tedavi edilmeyen depresyon neticesinde hippokampus hacminde görülen küçülme. Küçülme özellikle sol hippokampusta belirgin olarak karşımıza çıkıyor (insanlarda genellikle sol hippokampus dil ile ilgili bellek işlevlerinden sorumluyken, sağ taraf görsel ve mekânsal bellekle ilgili devreler içerir). Sağ tarafta uzun süreli bir depresyon hastasının, sol tarafta ise normal bir insanın beyin kesitleri görülüyor. Sınırları çizilmiş ve ok işaretleriyle işaretlenmiş bölüm, hippokampusun orta kısımlarından bir kesit görüntüsünü temsil ediyor.
Altta: Tedavi edilmeyen depresyon boyunca hippokampus hacminin nasıl küçüldüğünü gösteren ölçüm sonuçları (Brenner ve ark. 2000, 157(1):115-8; Am J Psychiatry).

3. Sürekli yüksek kortizol, beyinde de uyarıcı etkiye sahiptir demiştik. Bu uyarıcı etki özellikle kortizol alıcılarının yoğun olarak bulunduğu hippokampus adlı pek merkezî bir beyin bölümü için geçerlidir. Hippokampus; hafıza, yön bulma ve birçok bilişsel özellikle doğrudan ilintili bir temporal lob parçasıdır. Uzun süreyle yüksek seyreden kortizol hormon düzeyleri, bu bölgedeki hücrelerin artık kortizole yeterince cevap verememesine ve ölmesine neden olarak hippokampusun "küçülmesine" neden olur. Beyinde hippokampus dışında birçok bölge de yine süreğen stresten benzer şekilde etkilenerek işlevlerini ya kısmen ya da tamamen yitirebilir. Bu nedenle kısa dönemde beyin için uyarıcı ve uyandırıcı olan kortizol, uzun dönemde adeta öldürücü bir etki yapar.

STRESİ YÖNETME BECERİSİ

Kortizol yaşamımızı sürdürmek için bu kadar önemli bir hormon; bizi tehlikelerden koruyor, alarm sistemi görevini yapıyor vesâire ama bir taraftan da kendi kurduğumuz yaşam alanının gerekliliklerine bağlı olarak bizi öldürebiliyor da. Dolayısıyla ne yapacağız? Yani bu sistem içinde sıkışıp kalmış gibi gözüküyoruz. Oysa aslında çaresi kolay: Bu devrin en önemli yetkinliği, insanoğlunun stresini yönetebilme becerisidir.

Stres, eğer belirli bir farkındalıkla fark edilmez, üzerinde çalışılmaz ve kendi haline bırakılırsa, kendimizi içine hapsettiğimiz bu medeniyet şartlarında hepimiz için neredeyse kaçınılmaz bir sorun hâline dönüşür. Dolayısıyla bu ürettiğimiz medeniyetin içinde yaşamayı seçiyorsak onun en önemli gerekliliklerinden birisi olan stres yönetimini de muhakkak öğrenmemiz gerekiyor.

Stres nasıl yönetilir? İnsanoğlunun gene çok sade bir kuralı var: İnsanın hayatında bütün zihinsel gücünü, motivasyonunu, yönelimini kendisine çeken bir uğraşı varsa; "Akış" dediğimiz o zamanın nasıl geçtiğini anlamayıp kendini kaybettiği, çok zevk aldığı faaliyetler bütünü varsa; insan öyle bir şeyin içindeyken stres yaşamıyor ve vücudu çok uzunca bir süre stresi kontrol edebilir, modüle edebilir hale geliyor.

Son bölümde özellikle insanın neden böyle donatıldığını konuşurken bunu daha detaylı olarak inceleyeceğiz. Bu noktada insanın kendini olayların akıntısına maruz bırakması ve bir şeyleri değiştirmeye çalışmaması yani bir yaratıcı faaliyette bulunmaması durumunda stresin çok daha yıkıcı etkileri olduğunu biliyoruz. Bunun yakın zamanda yayınlanan ilginç bir sonucu da var: Kendi hayatları üzerinde söz söyleme hakkı daha az olan insanlar, daha erken yaşta ani kalp krizlerinden ölme riski taşıyorlar.

İnsanların kendi hayatları üzerinde karar verebilme, hayatlarını istedikleri yönde yönlendirebilme yetilerinin sağlıklarıyla çok yakından alâkası var. Yani insan sadece karnı doyduğunda, her şeyi maddî olarak yerinde olduğunda keyif yapabilen, rahat olabilen bir canlı değil. Zihinsel bazı artılara da ihtiyacı var insanoğlunun. Özellikle hayatında yaratıcı bir faaliyet varsa, kişi stresini o zaman çok kolay yönetebiliyor.

Bunun en bariz örneğini sporcularda, sanatçılarda, hakikaten yaratıcı işlerle uğraşan bilim ve düşünce insanlarında görebiliyoruz. Bu arada bilim ve düşünce insanları derken, meslek olarak "akademisyenleri" kastetmediğimi de eklemeliyim. Zira mesleği akademisyenlik olan insanların pek azı gerçek anlamda bilim ve düşünce insanıdır aslında. Akademisyenleri hep bilim ve düşünce insanlarıymış gibi algılamamız, zihinsel kısa yollarımızdan sadece bir diğeridir. Gerçekten zor sorunlar üzerine, zor engeller üzerine gidip duran, onları aşmak üzere muhtelif yollar araştıran, gerek zihinsel gerek bedensel olarak sınırlarını zorlayan insanların stresle ilişkilerinin çok daha faklı olduğunu görüyoruz. Ama rutin, sıkıcı, devamlı tekrarlara dayanan bir hayat içerisinde -zaten rutinin ve tekrarın bizi çok öldürücü bir tarafı var- beynimiz ve bedenimiz zorlanmadığı zaman hızla kendini kaybediyor. Bir de bu stres etkisini üzerine eklediğimizde hakikaten bizim için öldürücü hale gelebiliyor.

Tabii herkesin hayatında böyle uçuk, yaratıcı vs. faaliyetler olmasını beklemek makul ve mantıklı değil. Çoğumuz günlük hayatın gerektirdiklerini yerine getirmeye çalışırken bile günlerimizi tüketebiliyoruz. Dolayısıyla bu tantanalı süreç içerisinde aslında binlerce yıldır insanların uyguladığı çok önemli taktikler ve teknikler var. Bir kere bütün dinler insanlara arada bir günlük hayatlarını kesintiye uğratıp kendilerine dönmeleri, bir şeyler düşünmeleri yahut dua etmeleri için özel bir zaman öneriyor. Biz de kültürümüzde buna dua, zikir, ibadet gibi değişik isimler veriyoruz. Haftada bir kiliseye gitmek şeklinde olsa bile insanların rutinlerini kesip bir şeyler yapması, bütün dinlerin ortak vazettikleri tavsiyelerden biri... Hepimizin bu doğrultuda yapabileceği bir şeyler var aslında. Az bir miktar da olsa vaktimizi bu konu için ayırabileceğimizi biliyoruz... Gelin şimdi neler yapabileceğimize dair birkaç sade örneğe göz atalım.

"ŞİMDİ"DE KALMAK İÇİN BAZI BASİT EGZERSİZLER

1. Ağız Tadıyla Bir Kuru Üzüm Yemek

Farkındalık egzersizlerinin belki de en çok bilineni, toplam 15 dakika kadar süren "kuru üzüm farkındalığı" çalışmasıdır. Evet, ilk kez duyduysanız adı biraz tuhaf, kabul ediyorum. Ama deneyin, ne demek olduğunu anlayacaksınız!

Önce önümüzdeki kuru üzüm kâsesinden veya torbasından rastgele bir kuru üzüm tanesi alıyoruz. İlk olarak bu suyu çekilmiş ve büzüşmüş üzüm tanesine 2-3 dakika kadar dikkatle bakıp onu detaylı biçimde inceliyoruz. Gözlerimizle kuru üzümün buruşuk ve şekilsiz yüzeyini tararken olabilecek en küçük detaylara ve karmaşıklığa özel bir dikkat gösteriyoruz. Genellikle normalde göremediğimiz birçok ayrıntıyı şimdi ilk saniyeler içinde fark etmeye başladık, değil mi? İncelememiz enikonu bittikten ve üzüm tanesini görsel olarak iyice tanıdıktan sonra yine 2-3 dakika boyunca onu burnumuza yaklaştırıp, her bir nefeste ağır ağır kokluyoruz.

Amacımız, henüz bedenimizle buluşmamış bu üzüm tanesini koku bileşenleri açısından da tanımak. Dikkatimizi bu süre içinde mümkün mertebe koku duyumuza vererek hem üzümün gerçek kokusunu duymaya hem de o âna kadar alamadığımız çeşitli kokuları almaya çalışıyoruz. Bu sırada elbette dışarıdan başka kokular da algı alanımıza giriyor fakat bizim dikkatimiz üzümde! Onu onlarca farklı uyaran arasından özel bir dikkatle ayırt etmenin tadını çıkarıyoruz. Bu süreç tamamlandıktan sonra, sıra üzümün "dokusunu" hissetmeye geliyor. Bu minik ve nazenin nesnenin fiziksel yapısını daha yakından tanımak için, üzüm tanesini bedenimizde dokunma duyusu açısından en hassas yerlerden birisi olan dudaklarımıza dokunduruyor ve arada bir de elimizde evirip çeviriyoruz. Artık görüntüsüyle, kokusuyla ve dokusuyla iyice yakından tanımaya başladığımız, varlığını tüm detaylarıyla hissetmeye çalıştığımız bir üzüm tanemiz var. Bu sırada o minik nesne için doğan tepkilerimize yöneliyoruz. Bizde nasıl bir duygu uyandırıyor? Ne hissediyoruz? Kokusu, şekli, yapısı, rengi bize neleri çağrıştırıyor? Bu bölümü de yaklaşık 5-6 dakika kadar sürdürüyoruz. Hiç acelemiz yok...

Üzüm tanemizi iyice tanıdıktan, onunla duygusal köprülerimizi de iyice inceledikten sonra onu yavaşça ve itinayla ağzımızın içine, dilimizin üzerine yerleştiriyoruz. Ama çiğnemeye başlamıyoruz. Bu safha, dokunma duyumuzun en hassas olduğu dil ve ağız mukozasıyla üzümümüzü çok daha yakından tanımaya ayırdığımız bir bölüm. Fiziksel yapısını artık oldukça iyi tanıdığımız bu nesnenin ağzımızın içindeyken bize nasıl hisler verdiğine odaklanıyoruz. Belki yeni ayrıntılar keşfederek şekline, rengine, kokusuna ve dokusuna eşlik etmeye başlayan tadını da almaya başlıyoruz. Bir yandan da zihnimiz duygularımızı kontrol ediyor...

Kendinizi nasıl hissediyoruz? Sabırsız mı, sıkılmış mı, iştahlı mı? Yoksa (umulur ki) hayret ve hayranlık dolu mu? Artık en son safhadayız ve her zaman yaptığımız gibi ağzımızda bulunan bu minik meyveyi çiğneyip yutacağız. Yalnız bu kez olabildiğince daha ağır davranıyoruz. Yavaşça çiğnemeye başlarken dağılan yapısının serbest bıraktığı tat ve kokuları, üzümün ağzımızdaki salgılarla yavaşça eriyişini ve bu ânın bize verdiği hisleri derinlemesine duyumsuyoruz. Üzümü ağzımızda gezdirip dişlerimizle parçaladıkça, o biraz evvel yakından tanıştığımız taneciğin bize nasıl karıştığını ve bizimle nasıl da bir olmaya başladığını gözlemliyoruz.

Bir iki dakika içinde yutma refleksimiz devreye giriyor. Artık onu bedenimizin içine doğru yolcu ederken, geçtiği yollarda nasıl bir tat ve lezzet duygusu uyandırdığını, bize ne hissettirdiğini büyük bir dikkatle izliyoruz. Yutkunduktan sonra da bu etkileri birkaç dakika boyunca izlemeye devam ediyoruz. Nasıl hissediyorum? Baskın duygularım neler? Ağzımda ve boğazımda nasıl bir etki bıraktı? Şimdi nerede olduğunu hissedebiliyor muyum? Midemde de bir duyumsama yaratır mı acaba?

İşte böyle! Farkında olarak, "şimdi"de kalarak yediğimiz tek bir üzüm tanesi bile bizde çok çarpıcı bir deneyim oluşturur. Belki şekilsiz, sıradan, milyonlarca benzerinden sadece bir tanesi olan bir kuru üzümdür o. Ama bir durup bakarsak, tek bir üzüm tanesinde bulabileceğimiz algı deneyimlerinin sınırı yoktur. Tadı, dokusu, kokusu, uyandırdığı duygu, çağrıştırdığı anı... O kadar çok şey var ki tek bir üzüm tanesinin içinde...

Burada kısaca tanımlamaya çalıştığım bu 15 dakikalık farkındalık egzersizi belki kulağa (göze) kolay geliyor olabilir ama kolay olduğuna karar vermeden önce bir deneyin... Oldukça zor olduğunu göreceksiniz. İlk kez uygulandığında bilhassa zordur. Zira neredeyse bütün hayatını otomatik pilotta yaşamaya programlı bir canlının, beslenme gibi temel bir refleksle ilişkili böyle bir deneyimi yavaşlatarak buradan ders çıkartabilmesi, çoğu zaman ciddi bir çaba ve odaklanma gerektirir. Fakat bir kere denediğiniz takdirde unutulmaz bir süreç yaşayacaksınız. Tekrarladıkça da her bir deneyimin, her bir üzüm tanesinin ve her bir karşılaşmanın ne kadar özel, ne kadar yegâne olduğunu bir kez daha fark edeceksiniz.

2. Yürüme Farkındalığı

Bu egzersizde özellikle "bir yere varmaya çalışmadan" yürümek önemlidir. Gidilecek bir yer olmaması dikkatin sadece yürüme eyleminde odaklanmasını kolaylaştırır. Bir dairenin etrafında dönebilir ya da ileri geri gidip gelebilirsiniz.

Rahatsız edilmeyeceğiniz sakin bir odada ya da açık havada olmanız ve egzersizi yaparken eğer varsa ayakkabınızı çıkarmanız tavsiye edilir.

1. Ayakta durun ve tüm dikkatinizi ayak tabanlarınıza getirin.

2. Yürümeye başlamadan önce, bütün bedeninizin ağırlığını bir sağ bir sol ayağınıza geçirin.

3. İki ayağınızda da eşit ağırlığı bulduğunuzda, ileriye doğru bir adım atın ve ayağınızın hareketini fark edin.

4. Zihninizde "kaldır - hareket ettir - bırak" ifadelerini kendinize tekrarlayabilirsiniz.

5. Adım attığınız ayağınızı yere bırakırken, ağırlık değişimini fark ediyor musunuz?

6. Ağırlık öndeki ayağınıza geçerken, arkadaki ayağınızı "kaldırın", "hareket ettirin" ve "bırakın".

7. Yürümek için gerekli olan kaslarınızı hissedin.

8. Dikkatinizi, ayağınızın yerle temas ettiği noktalara getirin.

9. Bir süre ayaklarınızın hareketini ve yerle temasını izleyerek yürüdükten sonra yürüme farkındalığını nefes alış-veriş farkındalığıyla eşleştirmeyi deneyin!

10. Egzersize en az iki dakika ayırın ve her gün otomatik olarak, hiç düşünmeden gerçekleştirdiğimiz o yürüme deneyiminin size nasıl görünmeye başladığını da izleyin.[48]

3. Beden Farkındalığı: Sağ El

- Bir an durun ve tüm dikkatinizi sağ elinize verin.
- Sağ elinizin parmaklarını ve avuç içinizi fark edin.
- Eliniz herhangi bir yere dokunuyorsa, nasıl temas ettiğine dikkat edin.
- Bir süre dikkatinizi avuç içinizde tutun.
- Hissettiğiniz herhangi bir şey var mı? Avuç içinizi nasıl hissediyorsunuz?
- Avcunuzdaki ısı nasıl? Avuç içiniz sıcak mı, soğuk mu, yumuşak mı, pürüzlü mü?
- Şimdi dikkatinizi sağ elinizin herhangi bir parmağında toplayın.
- Seçtiğiniz parmağın dokunduğu herhangi bir şey var mı?
- Eğer dokunuyorsa bu dokunuş nasıl gerçekleşiyor? Dokunmak size neler hissettiriyor?

---

48 Bir şekilde yürüme imkânı bulamayanlar, bu tip egzersizleri her gün yaptıkları başka otomatik hareketler için de rahatlıkla deneyebilirler.

- Bu egzersizi, bedeninizin herhangi bir bölgesine odaklanarak ya da dikkatinizi yüz kaslarınızdan ayak tabanlarınıza kadar birçok bölge arasında gezdirerek yapabilirsiniz.

4. Nefes Farkındalığı

Dikkati odaklamak için kolay ve pratik bir egzersiz de nefesi saymaktır. İstikrarlı bir şekilde her gün uygulandığında, dikkati sürdürebilme kapasitesini belirgin derecede arttırma etkisi olduğu kanıtlanmıştır.

- Bu egzersiz için öncelikle dikkatinizi nefesinize davet edin ve bir süre nefesinizin vücudunuza kendi doğal ritminde nasıl girip çıktığını gözlemleyin.
- Nefeslerinizi mümkünse burnunuzdan alıp verin ve nefesinizi uzatmaya ya da derinleştirmeye çalışmayın.
- Hazır olduğunuzda her nefes verişinizden sonra saymaya başlayın.
- Nefes al - nefes ver 1, nefes al - nefes ver 2, nefes al - nefes ver 3...
- Her seferinde 10'a kadar saydıktan sonra tekrar 1'e dönün.
- Dikkatiniz dağılır veya hangi sayıda olduğunuzu unutursanız yeniden 1'den başlayın.
- Bu egzersizi günde 5 dakikanızı ayırarak yapabilirsiniz.

5. Şimdiki An'da Kısa Bir Gözlem

- Gün içinde istediğiniz bir vakitte gözlem yapmak için kendinize zaman ayırın.
- Şimdiki ânın içinde olan her ne ise, **yargılamadan** ve **değiştirmeye çalışmadan** sadece farkına varın.
- Tüm duyularınıza dikkat ederek işe başlayabilirsiniz.
- Çevrenizdeki eşyalara onları merak eden gözlerle bakın.
- İlginç bulduğunuz bir nesne olursa durup biraz inceleyebilirsiniz.
- Bulunduğunuz ortamın ışığını fark edin.
- Ortamın sıcaklığı nasıl?

- Aynı anda ellerinizin ve ayaklarınızın ısısına da dikkat edin.
- Aldığınız herhangi bir koku, duyduğunuz herhangi bir ses var mı?
- Oturma kemiklerinizin oturduğunuz yerle temasını fark edin.
- Oturduğunuz koltuk ya da sandalyeden destek almak nasıl bir his?
- Şu anda, burada otururken rahat mısınız?
- Dikkatinizi çeken herhangi bir bedensel duyumunuz var mı?
- Zihninizdeki düşünceler neler? Zihninizden düşüncelerin gelip geçmesine izin verin.
- Bu egzersizi gün içinde vakit buldukça, 3-4 dakika kadar yapabilirsiniz.

6. Gündelik Eylemlerde Farkındalık: Diş Fırçalama Egzersizi

Diş fırçalama egzersizi, şimdiye kadar bahsettiğimiz egzersizlerden farklı olarak koşuşturmaca içindeyken de yapabileceğimiz bir egzersizdir. İşte bu yöne sahip olduğu için de ayrı bir önemi var. Çünkü aslında bütün mesele bu farkındalık egzersizlerini hayatımızın içine taşıyabilmekten geçiyor.

Genelde yaptığımız, yapacağımız ya da belki yapamadığımız şeylere odaklandığımız için kendimize ve içinde bulunduğumuz ânın özelliklerine odaklanamadığımızı kabul ettik. Farkındalık egzersizlerini yaparak bu konuya eğilmeye karar verdiğimizde en önemli aşamalardan biri, bu egzersizleri bütün hayatımıza yaymak olacak. Günlük hayatın içinde kendimizi ne kadar "zihnimizin zıpladığı başka yerlerde yakalarsak", oraya ve o âna dönmek için reflekslerimizin gelişmesi o kadar kolaylaşacaktır.

Bu egzersizin aşamalarını okurken ilk başta içinizden bazı itiraz sesleri yükselebilir. Dişlerini hemen iki dakikada fırçalayıp işe yetişmek için koşturmak zorunda olanlarımız veya günün sonunda uyumak için kendini yatağa atmanın hayalini kuranlarımız -ki bunlar hiç azınlıkta sayılmaz- ilk bakışta bu egzersizi biraz ütopik de bulabilir. Aman ha içinizden "Benim diş macununun kokusunu içime çekecek kadar uzun vaktim yok ki..." diyerek kendinizi tuzağa düşürmeyin! Bu egzersizlerle biz zaten "aceleyle yaşadığımız" hayatımız için küçük anlardaki büyük farkındalıkları yakalamayı amaçlıyoruz. Yoksa arada sırada bir kenara çekilip bu farkındalık egzersizlerini uygulamak ve sonra bunları "aceleyle yaşadığımız" hayatımıza dâhil edememiş olmak bizi amacımıza ulaştıramaz.

Bu egzersizleri, gelişigüzel yaşadığımız bir saniyenin içine aslında onlarca farkındalığı sığdırabildiğimizi görmek için yaptığımızı burada kendimize hatırlatmamızda fayda var. Evet, işe geç kalmamak için koşturduğumuz bir sabah da dişimizi fırçalarken macunun kokusunu içimize çekebiliriz! Bunu kendimize hatırlatacak kadar ânın ve kendimizin "farkında" olmamız bizim için o saniyeyi gerçekten yaşanan bir zamana çevirecektir. Ve bu egzersizlerle yapmaya çalıştığımız şey de aslında fabrika ayarlarımıza dönerek, "aceleden" unuttuğumuz "yaşama" biçimlerimizi yeniden devreye sokabilmektir... Bu konuda artık hemfikirsek egzersize geçebiliriz.

Diş Fırçalama Egzersizi

- Diş fırçanızı elinize alın ve tüm dikkatinizi fırçanın sapının elinizle olan temasına verin.
- Fırçanın dokunuşu elinizde nasıl bir his oluşturuyor? Fırçayı tutarken sapını sıkıyor musunuz ya da parmaklarınız gevşek mi duruyor?
- Şimdi yavaş ve dikkatli bir şekilde diş macununu, fırçanın üzerine sıkın.
- Dişlerinizi fırçalamaya başlamadan önce diş macununun kokusunu içinize çekin.
- Macunu koklarken zihninizde herhangi bir algı oluştu mu?
- Acele etmeden, diş macununu dişlerinize temas ettirin.
- Tek tek dişlerinizi fırçalarken diş macununun tadını hissetmeye çalışın (tabii ki yutmadan).
- Diş fırçalama eylemine devam ederken birçok kez kendinizi düşüncelere dalmış vaziyette bulabilirsiniz.
- Bunu fark ettiğiniz her seferde dikkatinizi yaptığınız eyleme geri getirin.
- Bu egzersizi herhangi bir gündelik eyleminize de uyarlayabilirsiniz.

Burada sadece sıklıkla uygulanan farkındalık çalışmalarına dair birkaç örnek veriyoruz. Gördüğünüz gibi günlük işlerinizin birçoğuna, bedeninize ve beden işlevlerinize dikkatinizi yönelterek siz de kendi farkındalık çalışmalarınızı üretebilirsiniz.

Bu tip çalışmaların faydası, sadece bazı ilginç duyumlarımızın oluşmasıyla sınırlı değildir. Farkındalık egzersizleri sürekli ve düzenli olarak tekrarlandıklarında beynimizin, özellikle de ön beynimizin yoğunlaşma, dikkat ve dikkati sürdürme devrelerinde kalıcı değişikliklerin ve etkinlik artışının olmasını sağlar. Bu da gün içinde yaptığımız işlere dikkatimizi doğru şekilde verme, dikkatimizi bir iş üzerinde yeterince sürdürme konusundaki yetkinliğimizi artırır. Ayrıca bu egzersizler, kapasitesi oldukça dar olan bilinçli zihnimizin kapasitesini de artırarak günlük olaylara daha serinkanlı ve daha geniş açılı bakmamıza yardımcı olurlar.

Bilinçli dikkatinizi belli bir süre yönelttiğiniz her yerde, neresi olursa olsun, daha önce bilmediğiniz bir şeyi öğrenme fırsatı bulacaksınız. Ben bunun hiçbir istisnasını yaşamadım. Her fırsatta "Bir saat tefekkürün bir sene nafile ibadetten daha hayırlı" olduğunu söyleyen rahmetli dedemin ne demek istediğini, böyle anlarda daha iyi anlayabildiğimi düşünürüm hep...

DÜŞÜK STRESLİ BİR YAŞAM İÇİN 10 ÖNERİ

1. Anda kalma tekniklerini öğrenin ve rutin olarak hayatınıza yerleştirin.

2. Hayatınızı olabildiğince sadeleştirin.

3. Dijital teknolojiyi bilinçli ve akıllıca kullanın. Kullanımınızı planlamaya zaman ayırmayı unutmayın.

4. Kendiniz için kendinizden fedakârlıklar yapın. Erken kalkın, spor yapın, dengeli beslenin ve İnsanın Fabrika Ayarları'na uygun bir yaşam için planlı adımlar atın.

5. Durmayı, dinlenmeyi ve kendinize vakit ayırmayı ciddi olarak planlayın.

6. Ömrünüzü aşacak bir hayal belirleyin ve o hayale doğru küçük adımlar atma alışkanlığını hayatınıza yerleştirin.

7. Akış'a geçecek bir uğraş edinin. Bu uğraşınızda ustalaşmak ve derinleşmek için planlı vakit ayırın.

8. İnandığınız gibi yaşayın; "mış gibi" yapmaktan kaçının.

9. Karşılıksız ve beklentisiz iyilik yapın. Bunu elinizden geldiğince sık tekrarlayın.

10. Her fırsatta elinizdeki hayat, kaynak, imkân ve fırsatları düşünün ve bolca şükredin.

Bu bölümü kapatırken, zihinsel ve bedensel gerginliğin temel nedeninin "duramamak" olduğunu fark etmiş olmalıyız. Hızla geçen şu yaşamda arada bir durmak, bakmak, görmek, hayatın tadını çıkarmak ve ne oluyorsa yargısızca izlemeye çalışmak; huzura açılan nice kapıyı da görebilmemizi sağlayacak. Zira bu beyin ve bu zihin, bu kadar yük için yapılandırılmış görünmüyor. Îfâ etmesi gereken başka vazifeleri var...

Bir sonraki kısımda "Sınırları Aşma" özelliğimizi konuşurken, umuyorum bu vazifeler kendini daha da belirgin olarak hissettirecektir.

II. KİTABIN SONU

İNSANIN FABRİKA AYARLARI

I. KİTAP: BEDEN

İFA-1: Hareket

İFA-2: Az, Çeşitli ve Aralıklı Yemek

II. KİTAP: İLİŞKİLER VE STRES

İFA-3: Olumlu ve Zengin Sosyal İlişkiler

İFA-4: Düşük Stresli Bir Yaşam

III. KİTAP: SINIRLARI AŞMAK

İFA-5: Sınırları Aşmak